くらしに活かす
環境学入門

細谷　夏実

三共出版

まえがき

私たちのくらしは，科学技術の発展と共に豊かさや快適さが増大してきています。その一方で，地球温暖化をはじめとして，解決すべき環境問題が山積するようになりました。2015年の国連サミットで2030年までに達成すべき目標として採択された「SDGs（Sustainable Development Goals）」の中にも，気候変動や海・森の保全など，地球規模の環境問題解決に関する目標が盛り込まれています。

本書は，主に大学・短大の文系の学生，あるいは理系の初年次の学生が読者となることを想定し，そうしたさまざまな環境問題について，身近なくらしの中から考えてみることを目指しています。環境問題に興味を持ち考えていくためには，日々のくらしの中から具体的な例を見つけ，自分にも関わりのあることだという実感を持つことがとても大切だと考えるからです。

また，環境問題に関する書籍というと，これまで理系では化学や工学が専門の先生方の著書が多かったのではないでしょうか。私自身はもともと生物学の出身ですので，本書では主に生態学や生命科学の視点で環境問題を眺めてみることにしました。同じ理系の書籍でも，分野的には文系の学生や一般の方に手に取っていただきやすいのではと考えています。

さらに，科学的な内容も，なるべくわかりやすい言葉，わかりやすい図表で説明するように心がけました。ちなみに，イラストを含んだ図については，高校時代漫画研究会に籍を置いていた過去を思い出し，自身で原図を描きました。また，生態学（ecology）から，エコロジー→エコロじい（爺）と勝手に連想し，各章の最初に，その章のイメージを表すキャラクターも作成しました。

本書が，読者のみなさんにとって，環境問題に興味を持ち考えてみるきっかけとなり，本書の内容を，（題名通り）みなさんのくらしに少しでも活かしていただければ幸いです。

最後に，本書を執筆するにあたり，参考にさせていただいた書籍の著者と出版社，インターネットサイトの運営管理者，私のつたない原図をもとに図版を作成して下さった図版作成者のみなさんに，この場を借りてお礼を申し上げます。また，本書の構想から出版に至るまで辛抱強くお付き合い下さり，ご尽力下さった，三共出版の秀島功氏に心から感謝を申し上げます。

2021年春　細谷 夏実

目　次

4　大気汚染と酸性雨

5　地球温暖化

6　水をめぐる環境問題

7　海の環境問題

8　免疫のしくみとアレルギー

9　生活環境中の化学物質

1 公害から地球環境へ

生活環境とは，私たち人間がくらしやすい環境として作り上げてきたものです。私たちのくらしは，科学技術の発展と共に豊かさや快適さが増大してきています。しかし，その一方で，現在人間は地球の環境を脅かし続けているのです。この章ではまず，私たち人間と環境との関係について過去からふり返ってみましょう。

1-1 地球の歴史と人類の出現

そもそも，私たち人間が地球に出現したのはいつ頃のことなのでしょうか。

図 1-1 は，地球の誕生から今日までの歴史を 1 月から 12 月までの 365 日のカレンダーにして示した地球カレンダーと呼ばれるものです。今から 46 億年前，地球が誕生した時が 1 月 1 日の 0 時となります。私たち人間（人類）が出現したのは数百万年前ですが，地球カレンダーでみると，それは 1 年 365 日の最後の 1 日，12 月 31 日の 14 時 30 分頃ということになります。つまり，地球の長い歴史で考えると，私たち人間はごく短い時間しか地球上に存在していないのです。さらに，科学技術の発展が急速に進み，今のような豊かで便利な生活の契機となった産業革命はいつ頃かというと，カレンダーの最後の最後，12 月 31 日の 23 時 59 分 58 秒となります。産業革命は，公害や地球温暖化など，現在問題となっているような地球環境の危機を招くきっかけとなりました。地球の歴史から見ると，人間が環境を脅かすようになった時代は，一年の終わりのほんの 2 秒間のできごとなのです。

ところで，12 月 31 日の午後に地球上に出現した人間は，その数を急激に増やしています。では，世界の人口は今どのくらいになっているのでしょうか。

人類の出現からの世界人口の推移を表したのが図 1-2 です。図 1-2 を見るとわかるように，人類はその出現から長い間，ずっと数億人でほぼ一定でした。ところが，産業革命が始まると，その数が急激に増えていることがグラフから読み取れます。産業革命は 18 世紀後半に起こってお

月日	時刻	できごと
1月1日	0:00	地球誕生(46億年前)
2月9日		海と陸ができる(41億年前)
3月5日		生命(原核生物)誕生(38億年前)
7月18日		真核生物の出現(21億年前)
9月27日		多細胞生物の出現(12億年前)
11月23日		魚類(セキツイ動物)の出現(5億年前)
11月29日		植物や無セキツイ動物が陸上に進出
12月3日		セキツイ動物が陸上に進出
12月11日		恐竜時代のはじまり
12月16日		原始的な哺乳類の出現
12月19日		鳥類の出現
12月25日		恐竜の繁栄
12月26日	20:17	恐竜の絶滅
12月27日		哺乳類の繁栄
12月31日	14:30	人類の祖先の誕生
12月31日	23:59:58秒	産業革命

図 1-1　地球カレンダー

地球カレンダー　21 世紀の歩き方大研究をもとに作成。

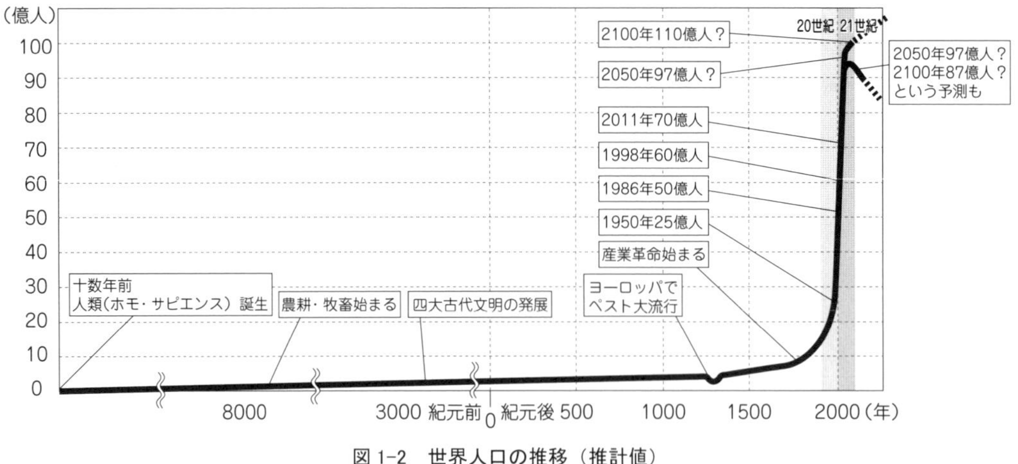

図 1-2　世界人口の推移（推計値）

国連人口基金東京事務所のグラフをもとに作成。

り，それから現在までの間に，私たち人間は急激にその数を増やしているのです。

では，このような急激な人口増加が進んで行く中，最終的に地球上で人間は最大何人まで住めるのでしょうか。地球の定員は何人か，ということについては，100 億人という説が多いですが，他にもいろいろな数値が挙げられています。数値がさまざまである理由は，食料，エネルギー，水など，人間が生きていくために必要な条件をどのように設定（仮定）するかが違っているためです。地球の定員を決める条件の例については，第 2 章で説明したいと思います。

仮に 100 億人だとすると，現在の予測では 2050 年にはほぼ定員に達してしまうと考えられています。現在の急激な人口増加が続けば，遅かれ早かれ私たち人間の数は地球の定員に達してしまうでしょう。人口増加の問題は，私たちが早急にかつ真剣に考えていかなくてはならない問題の一つだと言えるのです。

1-2　公害と地球環境問題

人口が増加し，さらに人間の生活環境が豊かで快適なものになる一方で，環境へのさまざまな影響や問題が生じてきています。いわゆる環境問題の発生です。環境問題とは，人間の活動が自然界（環境）に負荷をかけることによって発生する問題のことを言います。その中には，公害や，地球温暖化のような気候変動，熱帯雨林の破壊のような資源問題，など，さまざまな種類の問題があります。

日本において環境問題が注目されたきっかけは，公害問題であったと言ってよいでしょう。公害は高度経済成長の時期（1955 ～ 1973 年頃）に注目され，四大公害病（1-4 参照）とよばれる健康被害の大きい公害も出現しました。一方で，こうした公害は，現在世界中で問題となっている地球環境問題とはいくつか異なる特徴があります。では，公害と地球環境問題との間にはどのような違いがあるのでしょうか（表 1-1）。

公害の例としては，大気汚染，水質汚染，騒音振動などがあげられます。公害においては，これらの問題が限定されたエリアにおいて発生するという特徴があります。そのため，加害者と被害者の特定が比較的容易です。また，限定されたエリアで発生しているために，問題となる現象

表 1-1　公害と環境問題の比較

	公　害	地球環境問題
問題の例	大気汚染，水質汚濁，騒音振動，など	地球温暖化，オゾン層破壊，砂漠化，など
発生する地域	限定されたエリア	広範な範囲（地球全体の場合も）
加害者・被害者の特定	比較的容易	困難
問題となる現象の特定	比較的容易	困難
問題の原因	単一のことが多い	複数のことが多い

の特定も比較的容易で，その原因も単一のことが多い傾向があります。一方，地球環境問題は，地球温暖化やオゾン層の破壊，砂漠化などの問題を指します。地球環境問題は，限定されない広範な範囲，場合によっては地球全体で起こっている問題です。そのため，加害者と被害者の特定は困難です。例えば，私たちは地球温暖化の原因となる温室効果ガスを出す加害者ですが，その一方で，地球温暖化によっておこるさまざまな問題の被害者でもあります。このように，地球環境問題においては，加害者と被害者が一致する場合も少なくありません。また，問題が広範囲で起こっているため，問題となる現象の特定が難しく，その原因もしばしば複数となります。そのため，問題の解決には非常に長い時間が必要な環境問題となるのです。

こうした環境問題を考えるにあたり，まずは日本の公害問題について見ていきたいと思います。

1-3　足尾銅山鉱毒事件

環境問題を考えるには，歴史と地理，すなわち，いつ起こったことであるか，どこで起こったことであるか，を知ることが重要です。地域の特性や時代背景が，環境問題の発生や拡大などに関わっている場合が多いからです。

図 1-1 で説明したように，世界の人口は産業革命の頃から急激に増加してきました。産業革命は 18 世紀後半（1700 年代後半）から始まっていますが，この時期は，日本では江戸時代の後半にあたります。ご存じのように江戸時代の日本は長い鎖国の状態にあり，欧米の産業革命から後れをとっていました。明治維新以後，政府は欧米の列強に追いつくべく，急激に近代化，すなわち日本における産業革命を進め，富国強兵，殖産興業に力を注ぎました。一方で，こうした産業革命に伴うさまざまな工業化などによって，銅や鉛を原因とする鉱毒事件が全国各地で発生しました。その代表例が，足尾銅山鉱毒事件です。

足尾銅山は栃木県日光の近く，渡良瀬川の上流に位置しています（図 1-3）。ここで起こった足尾銅山鉱毒事件は，日本での公害第 1 号であるといわれています。足尾銅山は 16 世紀後半（戦国時代後半）から採掘が行われ，その後，1973（昭和 48）年まで 400 年近く続いた銅山です。1610（慶長 15）年以降，徳川幕府の直轄地となり開発が進められました。17 世紀中頃には年間 1300 t 以上の生産量を維持し，1684（貞享元）年の生産量は 1500 t に達したと言われています。しかし，1740 年代から生産量が減少し，幕末からはほぼ閉山状態となっていました。明治時代に入り，足尾銅山は新政府の所有となりましたが，1872（明治 5）年に民間に払い下げられ，1877（明治 10）年に古河市兵衛が買収，経営に着手しました。古河は西洋の新たな採掘・輸送

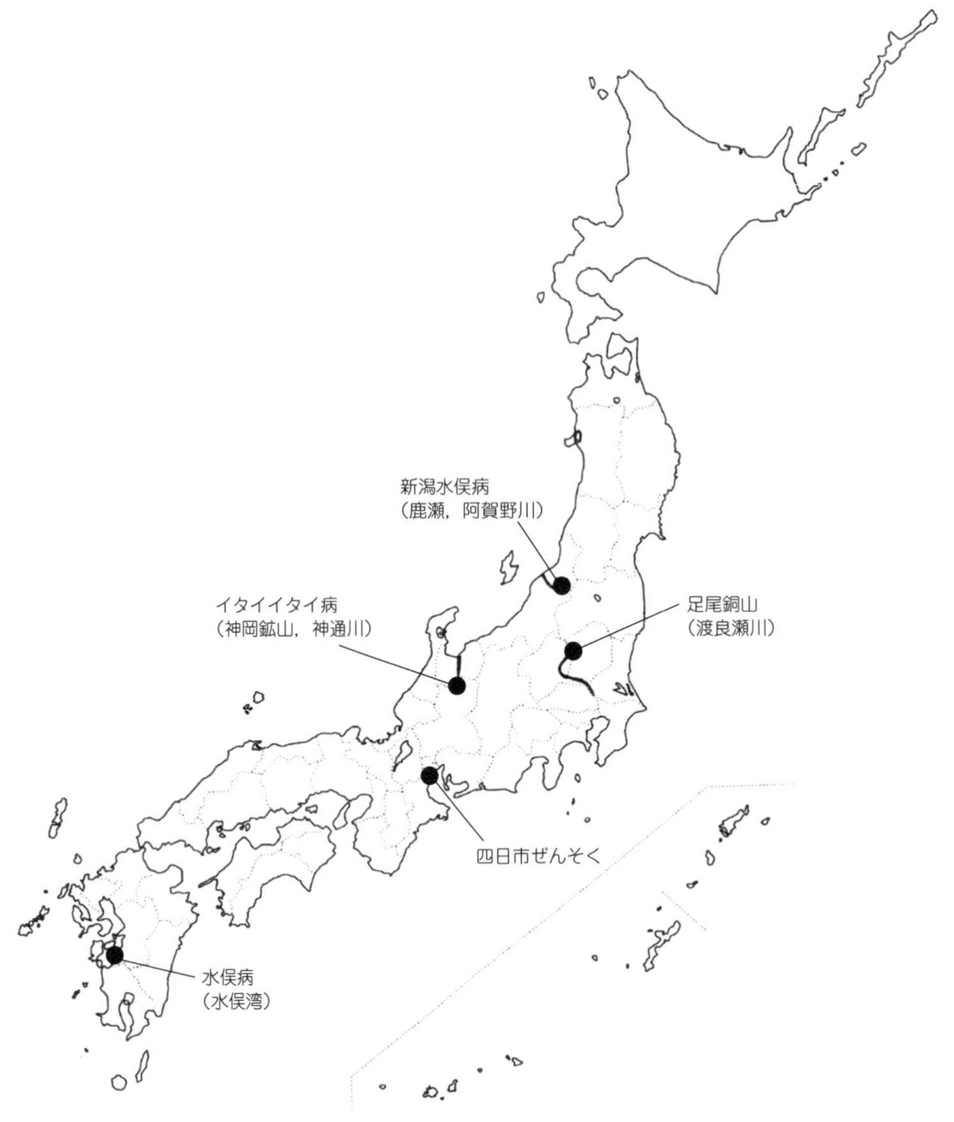

図 1-3　日本の主な公害発生地域

発生場所と関係する河川のみ記載。

方法を取り入れ，足尾銅山の生産量を急速に延ばしていきました。その結果，1884（明治 17）年には銅生産量が国内 1 位となったのです。この時代は，日本が欧米に追いつくべく，急激な近代化を進めた時期と一致します。その後，明治後期から昭和初期にかけて，足尾銅山は最盛期を迎えました。

しかし，1890 年頃から，ヒ素などをはじめとした廃棄物が渡良瀬川に流出して農地を汚染する，銅山の精錬所からの亜硫酸ガスが周辺の森林を枯らす，さらに森林の減少により渡良瀬川で大規模な洪水が多発する，といった被害が生じるようになりました。特に，1890（明治 23）年 8 月に起きた渡良瀬川の大洪水により，下流域に大きな農業被害が生じ，鉱毒問題が顕在化することになったのです。

この足尾銅山鉱毒事件において，政府に問題解決を訴え続け，被害の救済に尽力したのが田中正造という人物です。1890（明治 23）年に地元選出の衆議院議員となった田中正造は，渡良瀬川の大洪水の翌年（1891 年）に足尾銅山鉱毒問題についての質問書を帝国議会に提出し，政府の責任を厳しく追及しました。しかし，その後の度重なる訴えにもかかわらず，鉱毒被害は深刻化し，なかなか解決に至りませんでした。そのため，田中正造は 1901 年に議員を辞職し，明治天皇に直訴するという行動に出たのです。実際には途中で警備の警官に取り押さえられ，直訴は未遂に終わりましたが，一連のできごとは世間に広く知れ渡り，足尾銅山の問題が全国的に注目されるようになりました。最終的に，1973（昭和 48）年，田中正造の最初の訴えから 80 年以上を経て，銅山は長い歴史を閉じることとなったのです。

1-4　四大公害病

足尾銅山鉱毒事件の後も，日本では公害による深刻な健康被害が発生しました。その中で特に有名なものが四大公害病と呼ばれる公害病です。四大公害病とは，水俣病，新潟水俣病，イタイイタイ病，四日市ぜんそくの 4 つを指します。

1-4-1　水俣病・新潟水俣病

水俣病は熊本県水俣市で発生した公害病です（図 1-3）。日本窒素肥料株式会社（通称チッソ）が工場から排出したメチル水銀とよばれる物質が原因で，深刻な健康被害が生じました。チッソは当初硫酸アンモニウムなどの肥料を生産していましたが，その後，さまざまな化学物質の合成を行うようになりました。その過程で使用された無機水銀が，工場の工程で有機化されてメチル水銀となり，工場廃水として水俣湾に流れ込んだのです。廃水中のメチル水銀は低濃度であっても，食物連鎖の過程で生物の中で次第に濃縮されていきました（第 2 章参照）。さらにメチル水銀は人体に吸収されやすく排出されにくい物質であり，水俣湾の魚を多量に食べた人々の体の中に次第に蓄積されていったのです。特にメチル水銀は神経系に蓄積されやすく，人々はやがて中枢神経を侵され，感覚障害，運動機能障害などの神経障害を起こすようになっていきました。

1956（昭和 31）年に，原因不明の重い神経疾患を訴える患者がチッソの水俣工場付属病院に入院し，さらにその年末までに複数の患者が確認されました。これが水俣病の最初の患者であったとされています。その後，チッソの付属病院や熊本大の研究結果から，原因が工場の廃水に含まれるメチル水銀であることが明らかになりましたが，チッソは反論を繰り返し，対策や患者の救済はなかなか進みませんでした。

被害者の中には胎児性水俣病の患者も多数存在し，その被害はさらに深刻でした。これまで，胎盤は有害なものを通さないと考えられていましたが，メチル水銀は胎盤を通過し，胎児の体内に溜まっていったのです。母体内で胎児が成長し，神経系の発達を遂げる過程にメチル水銀が影響を及ぼし，母親に症状がなくても，胎児に先天性の水俣病を引き起こす結果をもたらしました。

水俣病が発生した昭和 30 年代は，第二次世界大戦後の日本の復興期であり，高度経済成長真っ只中の時代でした。まだ公害という問題意識も薄く，疫学研究への理解や認識も低い時代だったのです。こうした時代背景も，水俣病の被害拡大を招いた原因の一つと言ってよいでしょう。最初の患者確認から 10 年以上経った 1968（昭和 43）年，政府は水俣病を公害病と正式に認定しました。

一方，水俣病と同じような神経疾患が，新潟県の阿賀野川流域で報告され，新潟水俣病と名付けられました（図 1-3）。昭和電工の鹿瀬工場から排出されたメチル水銀が原因であり，第二水俣病とも言われています。この工場でも，チッソと同様，当初は肥料を生産していましたが，その後さまざまな化学物質を生産するようになりました。その際に，触媒として無機水銀を使用していたのです。1965（昭和 40）年に新潟大学付属病院で原因不明の神経疾患を患う最初の患者が報告されました。その年のうちに，新潟県は水銀中毒対策本部を設置し，阿賀野川の魚の販売禁止，流域住民への受胎調節指導の実施，などの対策を行いました。昭和電工は工場廃水説に反論しましたが，政府は 1968 年に水俣病についての統一見解を発表し，新潟水俣病の原因は昭和電工鹿瀬工場の廃水に含まれるメチル水銀が大きく関与しているとし，熊本の水俣病と共に公害病の認定を行ったのです。

水俣病の被害は世界的にも注目され，2017（平成 29）年には「水銀に関する水俣条約」が発効し，水銀による被害の防止に向け，水銀を含む製品の製造，排出などに関する規制が国際的に定められています。

1-4-2　イタイイタイ病

イタイイタイ病は富山県の神通川流域で発生しました（図 1-3）。原因は神通川の上流域にある岐阜県の三井金属鉱業神岡鉱業所から流れ出た処理廃水の中のカドミウムです。廃水に含まれるカドミウムが神通川へ流れ込み，川の水で栽培された米などを通して流域住民の体内にカドミウムが蓄積されました。こうした事態は大正時代からすでに発生していたと考えられており，1945（昭和 20）年頃にかけて多くの患者が発生しました。しかし，当時は第二次世界大戦を含めた長い戦争の時代であったため，病気に関しての調査や認定，理解が進まない状況にありました。1961（昭和 36）年になってようやく，イタイイタイ病がカドミウムを中心とする重金属の慢性中毒である可能性が報告されたのです。この報告をきっかけに，県や国による調査研究が開始され，1968（昭和 43）年に当時の厚生省から，イタイイタイ病は神岡鉱業所の排出するカドミウムによる慢性中毒であるという見解が発表され，公害病として認定されました。この 1968 年は，水俣病，新潟水俣病が公害病として認定された年でもあります。

イタイイタイ病の患者は腎臓に障害を起こし，骨を作るために必要な栄養素が体外に排出されてしまいます。その結果，骨がもろくなって，ほんの少しの力で骨折しやすくなり，全身の痛みのため動けなくなり寝たきりになってしまうのです。患者がその痛みの激しさから，「痛い痛い」という言葉を繰り返したためにイタイイタイ病という名前がつけられたと言われています。

1-4-3　四日市ぜんそく

四大公害病の 4 つめは四日市ぜんそくです。高度経済成長期の昭和 30 年代，三重県四日市市は港を埋め立てて石油化学コンビナート（工場団地）を建設し，全国有数の石油化学工業都市となりました（図 1-3）。コンビナートでは石油の精製や発電などを行っていましたが，1959（昭和 34）年，第一コンビナートが稼働した翌年から，四日市市では喘息を訴える人が増え始めたのです。これが四日市公害の始まりです。喘息を訴える人が増え始めたことを受けて，四日市市は翌年，独自で公害防止対策委員会を設置し，1962（昭和 37）年からは住民の健康調査を開始しました。その結果，喘息の原因が工場から排出されるばい煙などに含まれる二酸化硫黄と関係していることが明らかにされ，1965（昭和 40）年には四日市市による公害病認定患者認定制度が発足しました。市はその年に 18 名の患者を公害患者として認定し，治療にかかる医療費を無料としたのです。その後も，三重県，四日市市，共に，さまざまな対策や条例施行を進め，1977（昭和 52）年には四日市地域において前年度測定で二酸化硫黄の環境基準が達成されたことが発表されました。

1-5　公害対策から地球環境問題へ

これまで述べてきたように，日本の各地で公害が発生したことを受け，政府は 1967（昭和 42）年に公害対策基本法という法律を制定しました。さらに 1970（昭和 45）年には，水質汚濁防止法，大気汚染防止法など，いわゆる公害 14 法と呼ばれる法律が多数制定され，1971 年には環境庁が設置されたのです。その後も自然環境保全法など様々な法律が作られました。こうした努力の結果，日本国内では，有害物質による汚染である公害は改善の方向に進んだと言ってよいでしょう。

しかし，公害の問題が改善に向かう一方で，新たな環境問題が発生してくることとなったのです。

新たな環境問題とは地球環境問題です。地球環境問題は 1-2 で述べたように，地球温暖化やオゾン層破壊などを指します。その発生場所が限定されない広い地域，場合によっては地球全体において発生しているものが多く，公害と違って，加害者と被害者の特定が難しく，さらに問題現象やその原因の特定も難しいという，非常に厄介な問題です。

地球環境問題への対策が必要となったことを受けて，日本では公害対策基本法に変わって環境基本法という法律が 1993（平成 5）年に制定され，翌年の 1994 年には環境基本計画とよばれる計画が立てられました。さらに中央省庁の再編に伴い，環境庁が環境省へと格上げされたのが 2001（平成 13）年です。

環境省のホームページを見ると，環境省の取り組む政策分野として，「地球環境・国際環境協力」「環境再生・資源循環」「自然環境・生物多様性」などの項目が挙げられています。

これを見ると，環境問題に対する国の取り組みが，これまでの公害に対する対応から，地球環境や持続的な社会の実現に向けた様々な取り組みを行うことに変わってきていることがわかります。

地球環境問題としては，実に多様な問題が生じてきています。本書ではこの後，地球環境問題について，私たちの身の回りの生活を含めたさまざまな切り口から考えていきます。

＜参考文献・参考サイト＞

地球カレンダー　21 世紀の歩き方大研究 www.ne.jp/asahi/21st/web/index.htm

国連人口基金東京事務所　UNFPA Tokyo 出版物資料・統計，世界人口推移グラフ https://tokyo.unfpa.org/ja/resources/ 資料・統計

「生命と環境」 第 13 章　林要喜知 他編著，三共出版（2011）

日光市 HP 足尾銅山　http://www.city.nikko.lg.jp/kurashi/bunka/dozan/index.html

NPO 法人 足尾鉱毒事件田中正造記念館 HP　http://www.npo-tanakashozo.com/index.html

「新版　生活と環境　第 3 版訂正」，岡部昭二 他著，三共出版（2014）

「水俣病」，原田正純 著，岩波新書（1972）

「四大公害病」，政野淳子 著，中公新書（2013）

「地球をめぐる不都合な物質」，日本環境化学会 編著，講談社ブルーバックス（2019）

新潟県立環境と人間のふれあい館 HP　http://www.fureaikan.net/

「新潟水俣病のあらまし＜令和元年度改訂＞」 新潟県（2020）
https://www.pref.niigata.lg.jp/uploaded/attachment/212530.pdf

環境省 HP 水銀に関する水俣条約の概要　http://www.env.go.jp/chemi/tmms/convention.html

富山県立イタイイタイ病資料館 HP　http://www.pref.toyama.jp/branches/1291/index.html@tid=100026.html

イタイイタイ病：公害病認定後 50 年間の住民による環境再生の闘いとその成果
https://www.jstage.jst.go.jp/article/tits/24/10/24_10_18/_pdf

四日市公害と環境未来館 HP
https://www.city.yokkaichi.mie.jp/yokkaichikougai-kankyoumiraikan/index.php

2　生態系の成り立ちとしくみ

第１章でも述べたように，人口が増加し，人間の生活環境が豊かで快適になるにつれ，地球の環境への影響や問題が生じてきました。そのような問題のしくみを理解し，その解決法について考えるために，この章では地球の環境，生態系の成り立ちや，生態系における物質循環やエネルギーについて見ていきましょう。

2-1　生態系の成り立ち

生態系は，生物的環境と生物以外の非生物的環境（無機的環境）から成り立っています。無機的環境には水や大気，土壌などが含まれます。生物学的環境は，その特徴から，生産者，消費者，分解者というグループに分けることができます。

生産者とは，無機物を栄養として有機物（生物の体を構成している炭素を含む物質）を作ることができる生物のことを言います。生産者に含まれる生物としては，光合成により有機物を生産する植物が代表的なものです。

消費者は，生産者によって作られた有機物を栄養源として生活する生物，すなわち一般に動物と呼ばれている生物を指します。消費者はさらに，一次消費者，二次消費者，三次消費者，…というように段階的に分けられており，二次消費者以上をまとめて高次消費者とよぶこともあります。一次消費者は生産者を直接食べる（捕食する）動物のことで，草食動物あるいは植物食性動物などとよばれます。二次消費者以上の高次消費者は，動物を食べる（捕食する）動物で，肉食動物あるいは動物食性動物などとよばれます。

分解者は，生物遺体などを酵素作用により分解する生物のことを言います。分解者のはたらきによって，生産者が無機物から作った有機物は無機物に分解され，再び生産者に利用されるようになるのです。

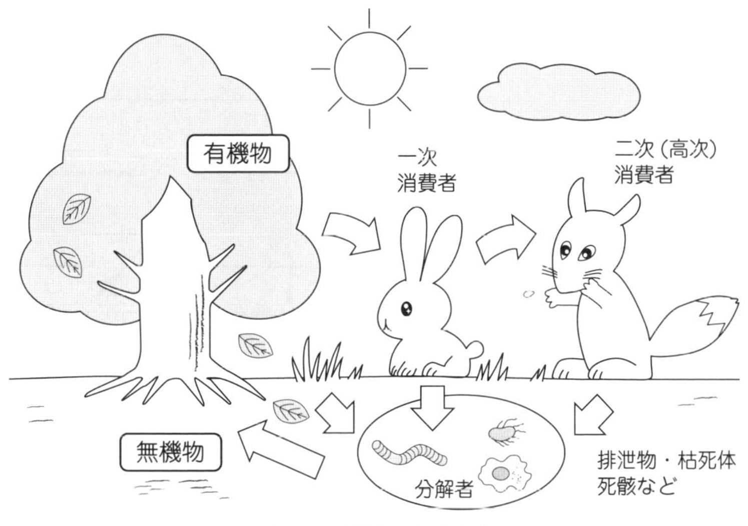

図 2-1　生態系のなりたち

こうした生物たちの生態系の中でのつながりの様子を描いたのが図 2-1 です。生態系の生物の間には，この図に示すような食う食われる（捕食被食）のつながりがあり，このつながりのことを食物連鎖とよび，生産者から始まる食物連鎖の各段階を栄養段階とよびます。また，生物間の捕食被食の関係は，実際には網目のように複雑に繋がっているため，食物網とよぶこともあります。

さて，こうした生態系の中で物質やエネルギーはどのように動いていくのでしょうか。それを次に見ていきましょう。

2-2 生態系における物質の流れ

ここではまず，生態系における物質の流れを考えてみましょう。

図 2-2 は，生態系における炭素（C）の流れを示しています。炭素は生物の体を構成している有機物に含まれる元素です。有機物に含まれる炭素は，大気中の二酸化炭素（CO_2）に由来しています。大気中の二酸化炭素は，通常，植物の光合成によって有機物に変えられ，植物の体の構成成分となります。有機物は生産者である植物から一次消費者，二次消費者，…と，食物連鎖によって，次々と移動していきます。例えば，みなさんがおにぎりを食べる，ということを考えてみましょう。イネ（生産者）が光合成のはたらきで大気中の二酸化炭素から有機物を作って成長し，コメが実って収穫されます。コメの中に含まれる炭素すなわち有機物は，私たち（消費者）がコメからできたおにぎりを食べることによって私たちの体の中に取り込まれ，私たちの体を作ります。有機物としてイネや私たちに取り込まれた炭素の一部は，イネや私たちの呼吸（異化作用）によって二酸化炭素（無機的な炭素）に分解され，大気中に戻っていきます。さらにイネのうちコメとして食されなかった部分（茎や葉など）は枯死体として，私たちが食べたおにぎりのうち消化されなかった食物繊維（セルロース）は排泄物として，生態系に排出されていくことになります。そして，枯死体や排泄物として排出された有機物は，土壌中や水中の分解者によって再び無機物（二酸化炭素）に戻されて大気中に戻っていくということになるのです。このように，炭素を例にとって考えてみてもわかるとおり，物質は生態系の中を循環しているのです。

ところで図 2-2 の炭素の循環の図に，石油・石炭などの化石燃料が含まれています。化石燃料

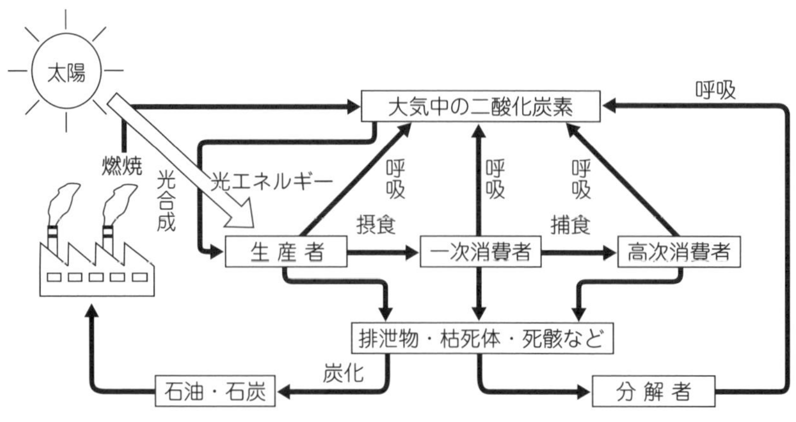

図 2-2　生態系における炭素の循環

好きになる生物学（講談社）をもとに作成。黒い矢印が炭素（C）の流れを示す。

は植物の枯死体や微生物の死骸などが長い時間を経て炭化してできたもので，人間が利用すること（最終的には燃やすこと）によって，大気中に二酸化炭素が放出されます。図の中では，化石燃料も炭素の循環サイクルの中に含まれています。しかし，現在現在私たちが使用している化石燃料は，２～３億年前の植物の枯死体や微生物の死骸などから形成されたと考えられています。すなわち，化石燃料が再び作られる（循環が成立する）までにはこれからまた数億年の年月が必要だということになります。さらに，化石燃料は通常は地中深くに埋まっており，自然の状態では地表に露出して燃焼することはほとんどありません。しかし，人間は化石燃料を日々大量に採掘し，利用しています。その結果，新たに作られる速度をはるかに超えるスピードで人間が化石燃料を使用し，大気中に大量の二酸化炭素を放出しています。

第４章で説明する地球温暖化の問題において，大気中の二酸化炭素は温暖化を引き起こす最大の原因気体となっています。化石燃料を燃やすことによって，炭素の循環のサイクルを超えて一方的に放出される二酸化炭素は，地球温暖化を促進してしまう大きな要因となっているのです。

ところで，図 2-2 では陸上の生態系に注目した物質循環のサイクルが描かれているため，大気中の二酸化炭素を吸収するのは植物の光合成のみとなっています。しかし実際の地球では，海も大気中の二酸化炭素を吸収してくれています。地球の物質循環において海も重要な役割を担っているのです。地球環境における海の役割や，海が抱えている問題については，第６章で詳しく説明します。

2-3　生態系におけるエネルギーの流れ

さて，2-2 では，物質循環の話を説明するためにおにぎりの例を挙げ，炭素を例として生態系における物質の流れについて考えました。ところで，最近は健康に関する志向が高まったことなどを受け，食品に熱量（カロリー）が表示されることが増えています。熱量とは熱のエネルギーのことであり，スーパーやコンビニで売られているおにぎりなどにも，何 kcal であるかが表示されていることが多くなりました。私たちは日々，さまざまな食品を食べ，食品に含まれる有機物（化学物質）を体内で代謝することによってエネルギーを得て，体温を保ったり（熱エネルギー），筋肉を動かしたり（運動エネルギー），といった生命活動を行っています。それぞれの食品を食べることによって，どのくらいのエネルギーを得ることができるかを，熱エネルギーで示したものが食品に表示されている熱量（kcal）です。なお，熱エネルギーは通常 cal（カロリー）で示しますが，食品の持つエネルギー量は大きいため，1000 倍の単位である kcal（キロカロリー）が使われています。

それでは，生物の持つエネルギーを熱量で考え，その流れを考えてみることにしましょう（図 2-3）。生産者である植物の持つエネルギーは，太陽の光エネルギーを利用して作り出した有機物に蓄えられます。太陽の光エネルギーは，宇宙（地球外）から来るエネルギーです。一次消費者は生産者を食べることによって有機物に蓄積されたエネルギーを得ることになります。一次消費者からさらに二次消費者，三次消費者･･･と続く食物連鎖によって，高次の消費者である動物が次々とエネルギーを取り込んでいくということになります。

ところで，おにぎりを例に物質の流れを考えた際には，私たちが食べたおにぎりに含まれる炭素は，生態系の中で循環していることがわかりました。では，おにぎりが持つエネルギーは，生

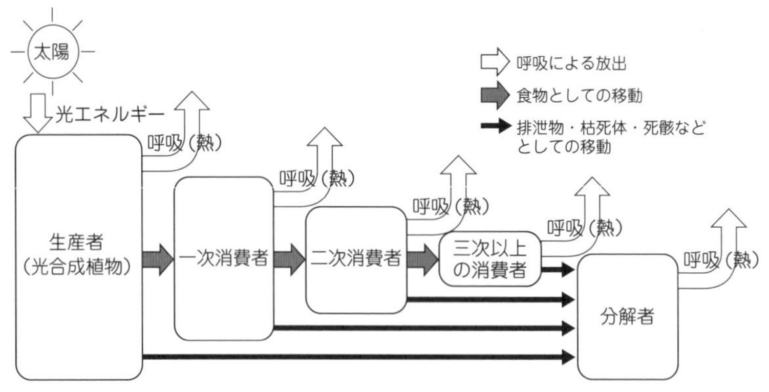

図 2-3　生態系におけるエネルギーの流れ
好きになる生物学（講談社）をもとに作成。

態系の中でどう流れていくのでしょうか。

私たちがおにぎりを食べることで摂取したエネルギーのほとんどは，呼吸によって熱エネルギーとして体外に放出され，大気を経て宇宙に逃げて行ってしまいます。前にも述べたように，私たちはおにぎりを食べることで得た有機物（化学物質）を，呼吸という異化作用で分解することによって生命活動のエネルギー（ATP）を得ています。得られたエネルギーは，生命活動を通して，最終的にはその大半が呼吸によって熱エネルギーとして体外に放出され，一方通行で宇宙へ放出されていきます。

食物連鎖の各栄養段階において，ある段階の生物が一つ前の段階のエネルギー量のうち，どのくらいのエネルギーを利用できるのかという割合（%）を示したものをエネルギー効率とよびます。生産者と消費者のエネルギー効率は，いずれも単位面積あたりでそれぞれ以下のような式で表されます。

$$\text{生産者のエネルギー効率（\%）} = \frac{\text{総生産量}}{\text{生態系に届いた太陽の光エネルギー量}} \times 100$$

$$\text{消費者のエネルギー効率（\%）} = \frac{\text{ある栄養段階の同化量}}{\text{一つ前の栄養段階の同化量}} \times 100$$

太陽の光エネルギーを利用して生産者が有機物を作り出す際のエネルギー効率は約 0.1 ～ 5%，消費者が捕食により一つ前の栄養段階の生物を捕食した際のエネルギー効率は平均すると約 10 ～20%と考えられています。すなわち，消費者の場合，捕食したエネルギーのうちの 80 ～ 90%は，体温を維持したりするためのエネルギーなどとして使われ，体外に熱として放出されていることになるのです。

このように，生態系におけるエネルギーは太陽から光エネルギーとしてやってきて，生態系の中の食物連鎖の過程で一方通行に流れていきます。その際，捕食被食の段階を経るたびに 10 ～ 20% しか利用できず，残りは熱として宇宙に逃げて行ってしまうのです。

そこで一つ考えてみましょう。みなさんがマグロの刺身か牛肉のステーキを食べるとすると，エネルギーの点から考えて，どちらが生態系にとって効率がよい（エコ）であるだと考えられるでしょうか。

この問題を考える時には，マグロとウシがそれぞれ生態系の中の栄養段階でどこに位置するかを考える必要があります。みなさんはマグロが何を食べるかご存じでしょうか。実は，マグロは肉食の動物であり，水族館などでは，サバやアジなどを餌として与えています。サバやアジも肉食で小魚などを食べています。小魚は一般的にオキアミなどの動物プランクトンを食べ，動物プランクトンは主に植物プランクトンを食べます。栄養段階としては，植物プランクトンが生産者，動物プランクトンが一次消費者，小魚，サバやアジ，マグロは，それぞれ二次，三次，四次消費者ということになるのです。各栄養段階のエネルギー効率を 10%と仮定すると，太陽のエネルギーによって植物プランクトンが蓄えたエネルギーは，栄養段階を 1 段階進むごとに 10%ずつしか残らず，マグロに到達する際には，植物プランクトンの蓄えていたエネルギーは $1/10^4$（0.01%）にまで減ってしまいます。一方，ウシは牧草を食べて育つ草食動物なので，一次消費者ということになります。そのため，生産者の得たエネルギーの 1/10（10%）を利用できることになります。つまり，生態系のエネルギー効率の点だけから考えると，マグロの刺身を食べるより牛肉を食べる方がエコである，ということになるのです。

食べ物のエネルギーが必ずしも重さと比例するということではありませんが，わかりやすくするためにおよそ比例すると考えてみましょう 。すなわち，栄養段階が 1 段階進むとエネルギーが約 10%になるということは，重さも約 10%になると考えるのです。実際に，近畿大学のマグロ養殖では，マグロを 1 kg 太らすためには餌が 13 kg 必要だとのことです。そのことをふまえると，100 g のマグロの刺身を食べるためには, 餌（エネルギー）として 1000 g（1kg）のサバが必要となります。さらに，1 kg のサバを育てるためには 10 kg の小魚，10kg の小魚を育てるためには 100 kg の動物プランクトンが必要，ということになっていきます。動物プランクトンは栄養段階ではウシに相当するので，マグロの刺身 100 g は生態系におけるエネルギーとしては牛肉のステーキ 100 kg に相当するということになります。

ところで, 第 1 章で, 地球上での人間の定員は何人か（地球に人間が何人住めるか）については, どのような条件や仮定を設定するかによって変わってくると述べました。今回のウシとマグロの話を考えると，条件設定の例が理解できると思います。例えば，私たち人間が穀物や野菜などを食べてくらす（ベジタリアンである）場合と，肉をたくさん食べてくらす場合によって，地球の定員が変わってくることになる，ということです。もし，私たちがみんなベジタリアンであれば, 地球上で収穫された作物はほぼそのまま食料となります。一方で，牛肉など肉をたくさん食べたいという人が増えると，収穫された作物の一部はそうした家畜の餌にしなければなりません。結果として食物となる肉の量は，もともとの作物よりもずっと少なくなってしまうのです。また, もしマグロのような大きな魚を食べたいという人が多ければ，海藻や小魚などを食べる場合と比べて，やはり食べられる食料の量は減ることになり，結果として地球に住める人間の数が減ってしまうことになるのです。

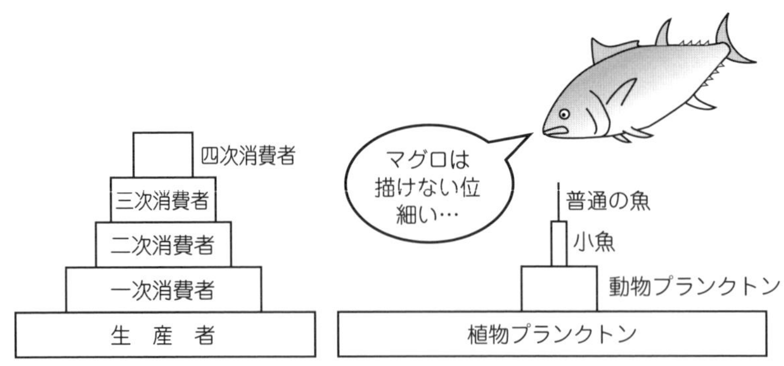

A　生態ピラミッドのイメージ図　　　B　生産力ピラミッドの実際

図 2-4　生態ピラミッド

2-4 生態ピラミッド

さて，図 2-3 の図を時計と反対まわりに 90° 回すと，ピラミッドのような形になります（図 2-4）。生産者から消費者へと続く各栄養段階の生物の個体数やエネルギー量などは，下の方から上の方に向かって次第に小さくなるピラミッドのようになるのが一般的で，このようなピラミッドのことを生態ピラミッドとよびます。生態ピラミッドは，個体数を示す個体数ピラミッド，生物の重量（生体量）で示す生体量ピラミッド，エネルギーの量で表す生産力ピラミッドの 3 つに大別されます。通常，生態ピラミッドの図は，図 2-4 の A のようにバランスの良い三角形として描かれます。しかし，個体数ピラミッドは必ずしも三角形になるとは限りません。例えば，1 本の大きな木に，その木の葉を食べる昆虫が 10 匹生息しているとすると，個体数ピラミッドは生産者が 1 個体，一次消費者が 10 個体となり，形の上で逆転することになります。また，エネルギーに注目して，マグロの話を生産力ピラミッドにしてみると，図 2-4 の B で示されるように，栄養段階を一段上がるごとに，次の段は下の段の 10 ～ 20%すなわち 1/5 ～ 10 の大きさになっていくため，バランスのよい三角形ではなく，先の細い棒のような形になり，栄養段階の高いマグロは描けないほど細くなってしまいます。

いずれにしても，生態系が安定してきちんと維持されていくためには，ピラミッドが底辺の大きなしっかりと安定したものになっている必要があります。すなわち，ピラミッドの土台となる植物が多数安定して存在することが重要なのです。

そこで，次に植物のまとまり，すなわち植物群落について考えていきます。

2-5 植物群落（植生）

植物の生育は，その地域の気温と降水量で決まります。地球上には気温や降水量の異なるさまざまな気候的特徴のある地域が広がっており，そうした気候的特徴はその地域の植物群落（植生）やそこにくらす動物に大きな影響を与えます。

ある地域の植生とそこにくらす動物などを含めた生物のまとまりをバイオーム（生物群系）とよびます。陸上のバイオームは植生に基づいて分類され，降水量や年平均気温が同じような地域には同じようなバイオームが分布することになります（図 2-5）。降水量が非常に多く，年平均気

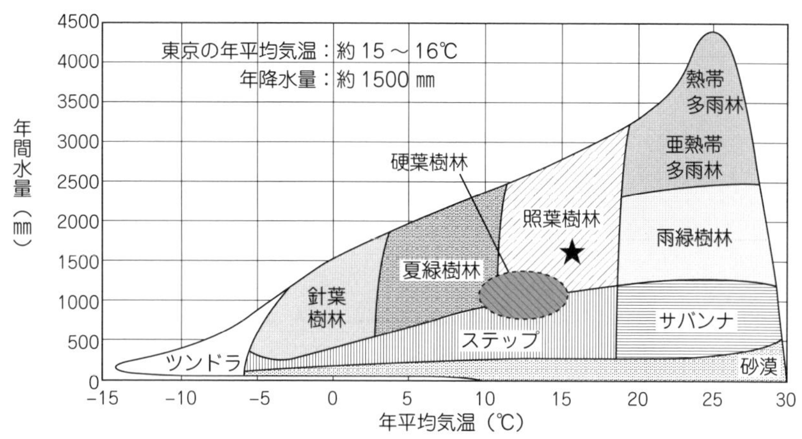

図 2-5　気温と降水量によるバイオームの分布
★は東京の位置。

温も非常に高い地域には，熱帯多雨林・亜熱帯多雨林とよばれるバイオームが広がります。年平均気温が高くても，降水量が減少すると，次第に森林が発達しにくくなり，サバンナとよばれる草原から，最終的には砂漠が広がるようになります。一方，降水量が十分であっても，年平均気温が低くなった場合にも，バイオームが変化し，最も寒冷な地域では，森林は成立せず，ツンドラとよばれる荒原となります。

図 2-5 に★印で示されているのは東京の位置です。東京都心は年平均気温が 15 ～ 16℃，年降水量が約 1500 mm であるため，照葉樹林から成るバイオームが発達することになります。照葉樹林とは，常緑で葉が大きく，比較的樹高が高い樹林のことを言います。日本で見られる照葉樹林の代表的な木としてはクスノキがあげられます。神社の周りを囲む鎮守の森などによく植えられていた木で，「となりのトトロ」という映画の中で，主人公のトトロがてっぺんでオカリナを吹いている木がクスノキです。登場人物のメイが「クスノキ！」と叫ぶシーンがあるのを覚えている方もいらっしゃるかもしれません。一方で，「となりのトトロ」にはドングリが出てきます。ドングリが実るのはブナ科の植物，すなわちブナやコナラ，ミズナラといった木です。これらは，夏緑樹林に属する木で，秋になると葉を落とす落葉樹です。「となりのトトロ」の舞台は東京と埼玉にまたがる狭山丘陵であると言われており，東京の都心よりはやや標高が高く平均気温が低いため，照葉樹林と夏緑樹林の混じったバイオームが発達していたのではと想像することができます。

では次に，こうしたバイオームが地球全体ではどういう地域に広がっていて，そこでどのぐらい光合成すなわち二酸化炭素の吸収が行われているのかを見ていきましょう。

地球上の生態系には海と陸があり，海が地球の面積の約 70%，陸が約 30% を占めています。表 2-1 は生態系における総生産量（光合成の総量）を示したものです。まず陸に注目すると，陸の中で光合成（一次生産）が多い場所は熱帯多雨林・亜熱帯多雨林であることがわかります。この地域は地表面積（陸）の約 1/10 を占めていますが，陸は地球の面積の約 30%のため，熱帯多雨林・亜熱帯多雨林は地表面積の約 3% に過ぎないことになります。そのたった 3% の面積の地

表 2-1 主要な生態系における一次総生産量（年間の推定値）

生態系	面積 (10^6 km^2)	一次総生産力 (kcal/m^2/ 年)	全総生産量 (10^{16} kcal/ 年)
海			
外　洋	326.0	1,000	32.6
沿　岸	34.0	2,000	6.8
上昇流海域	0.4	6,000	0.2
汽水域，サンゴ礁	2.0	20,000	4.0
小　計	362.4		4.0
陸			
砂漠，ツンドラ	40.0	200	0.8
草原，放牧地	42.0	2,500	10.5
乾燥林	9.4	2,500	2.4
針葉樹林	10.0	3,000	3.0
粗放型の耕作地	10.0	3,000	3.0
湿潤な温帯林	4.9	8,000	3.9
管理された耕作地	4.0	12,000	4.8
熱帯・亜熱帯多雨林	14.7	20,000	29.0
小　計	135.0		57.4
生物圏の合計（おおよその値）	500.0	2,000	100.0

「基礎生態学」E.P. オダム著，三島次郎 訳，培風館（1991）をもとに作成。

域にある森林が，地球全体の光合成の 29% つまり約 3 割を担っているということになるのです。このことから，熱帯多雨林・亜熱帯多雨林が地球の生態系においてどれほど重要な役割を担っているのかということがわかるでしょう。

ところで，世界には三大熱帯雨林地域というのがあることが知られています。では，三大熱帯雨林地域は世界のどの地域にあるのでしょうか。

世界の三大熱帯雨林地域は，南アメリカのアマゾン川流域，東南アジア，中央アフリカ，の 3 カ所に分布しています。図 2-6 で，黒色で示されている地域です。しかし，この熱帯雨林地域は，現在森林が減少・劣化するという危機にさらされています。その理由の一つは土地利用の転換です。これらの地域では，森林を農地にし，農業を行って収益を上げるという土地利用の転換が進められています。熱帯雨林地域ではこれまで焼畑農業というものが広く行われてきましたが，本来の伝統的な焼畑農業では，森林を焼き農地（畑）とした後，その畑が森林に戻るまで待って次の焼畑を行うというのが一般的でした。しかし，現在は多くの畑を作るため，畑が森林に戻る前に次の焼畑を行って農地を広げるという非伝統的な焼畑農業が繰り返されており，森林が急速に失われています。また，熱帯雨林地域では木材が簡単に手に入るため，燃料用に木材を過剰に採取することによって，森林が破壊されていることも知られています。さらに過剰な焼畑による火災あるいは干ばつや猛暑などにより，森林火災が多発して森林が失われていくという事態も起こっています。

世界森林資源評価（FRA）の 2020 年の報告によると，世界の森林面積は，1990 ～ 2020 年の 30 年間で，日本の国土面積の約 5 倍に相当する 1 億 7800 万 ha が減少したとされています。そ

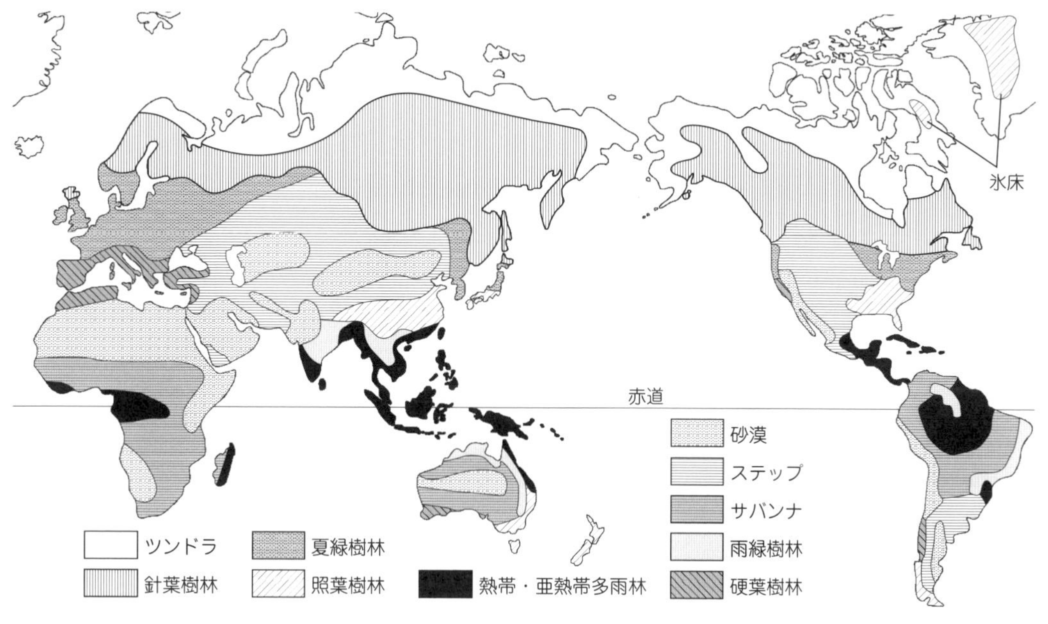

図 2-6　世界におけるバイオームの分布
「新生物基礎」（第一学習社）をもとに作成。

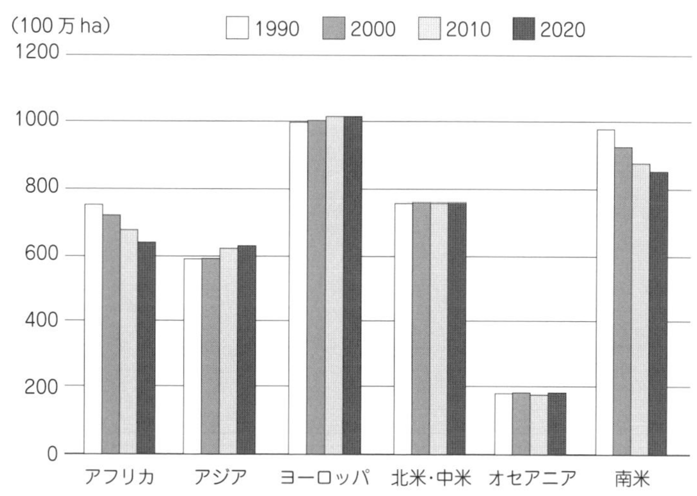

図 2-7　地域別森林面積の推移（1990 ～ 2020 年）
FRA2020 メインレポートをもとに作成。

の中でも特に森林の減少が著しいのがアフリカや，アマゾン川のある南アメリカです（図 2-7）。これらの地域から熱帯雨林がなくなるということは，二酸化炭素を吸収する大事な森がなくなり，生態ピラミッドの土台になる植物が急激に減っていくということを示しています。さらに，森林がなくなると，表土（地面）が露出し，スコールと呼ばれるような激しい雨が直接地面に降り注ぎます。その結果，地表の栄養分を含む表土が流失してしまい，その下にある栄養分の乏しい土だけが残るため，植物は次第に枯れ，砂漠化が進みます。一旦砂漠化が進むと，森林を復元するのは非常に困難です。現在，熱帯雨林が広がっているアマゾン川周辺やアフリカ中央部周辺は砂漠化が進んでいる地域となっています。

＜参考文献・参考サイト＞
「基礎生態学」 E.P. オダム著　三島次郎訳　培風館（1991）
「生態学入門（第 2 版）」 日本生態学会編　東京化学同人（2012）
林野庁ホームページ　世界森林資源評価（FRA）2020 メインレポート概要
https://www.rinya.maff.go.jp/j/kaigai/attach/pdf/index-22.pdf
「好きになる生物学」 吉田邦久 著　講談社（2001）
「初歩からの生物学」 鈴木範男 著　三共出版（2008）

3 くらしの中のエネルギー

この章では，私たちがくらしの中で使っているエネルギーについて考えていこうと思います。

3-1 エネルギー利用の歴史

私たち人類が最初に使い始めたエネルギーは火でした。人類が道具として火を使い始めた時期については，今から150～180万前，40～50万年前など諸説ありますが，いずれにしてもかなり昔であったと言えます。火を使用することにより，人類の食生活は多様化し，さらに寒さに対応したり他の動物から身を守ったりといったことができるようになりました。

その後，人類は風力や水力などをエネルギーとして用いるようになりました。例えば，風を利用した帆船を使用したり，水車を回して製粉をしたりといったことが行われていたことがわかっています。また，その頃には動物を家畜として運搬や農耕に利用することも行われていました。すなわちこの頃人類は，火，風，水や動物といったような，身近にある自然のエネルギーを使っていたということになります。しかし，こうしたエネルギーの消費量はまだ限られたものでした。

その後，時代がずっと進んだ1000年（11世紀）頃，石炭の使用が始まりました。石炭の使用は1700年代後半，すなわち18世紀の後半になって増加していきます。この時期はまさに産業革命の時代です。石炭を使うことによって多くのエネルギーを得られるようになり，エネルギーの利用用途が広がり，工業が発展して産業革命が進んだのです。

さらに，石炭に代わるエネルギー源として石油が使われるようになり，天然ガスや原子力も使われるようになって，エネルギーの消費量，利用用途共に拡大していったというのが，人類のエネルギー使用の歴史ということになります。

3-2 一次エネルギーと二次エネルギー

エネルギーは，一次エネルギーと二次エネルギーに大別することができます。

一次エネルギーは未加工エネルギーとも呼ばれ，自然の状態でそのまま加工せず使うエネルギーです。その中には非再生可能エネルギー（再生することができずー方的に使うことしかできないエネルギー）と，再生可能エネルギー（再生することができて持続的に使うことができるエネルギー）とがあります。非再生可能エネルギーの代表としては，第2章で説明した石油・石炭などの化石燃料や，原子力発電の元になる核燃料などが挙げられます。一方，再生可能エネルギーとしては，太陽光や風力，水力，バイオマスなどが挙げられます。これらについては後ほど詳しく説明します。

二次エネルギーは，一次エネルギー資源を加工・変換して作るエネルギーのことをいいます。化石燃料である石油や石炭を燃やしたり，太陽光を利用したりして作る電気はその一例です。また，天然ガスから水素ガスを作るというような例もあります。

3-3 世界のエネルギー情勢

ここでは，世界で一次エネルギーがどのように使われてきたかということについて見ていきましょう。

図 3-1 は，世界の一次エネルギー消費量の経年変化を示したものです。グラフからわかるように，過去 50 年以上にわたり，石炭，石油，天然ガスの 3 種類，いわゆる化石燃料が，消費されている一次エネルギーの大半を占めていることがわかります。その次に消費されているのは再生可能エネルギーである水力ですが，その量はぐっと小さくなります。さらにその次に消費量が多いのは原子力ですが，原子力は非再生可能エネルギーです。このように，世界ではエネルギー消費量の大半を非再生可能エネルギーが占めているということがわかります。

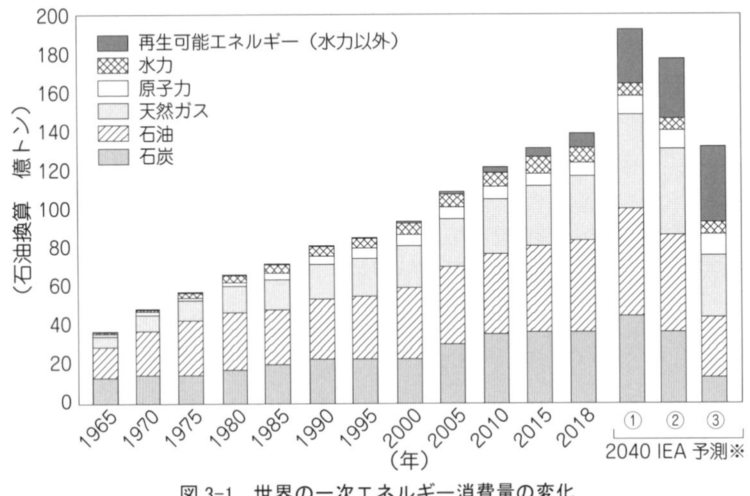

図 3-1　世界の一次エネルギー消費量の変化

※国際エネルギー機関（IEA）予想　① 現行政策シナリオ　② 公表政策シナリオ　③ 持続可能開発シナリオ
経済産業省資源エネルギー庁エネルギー白書 2020 をもとに作成。

次に，エネルギーを消費しているのはどういう国々なのか見ていきましょう（図 3-2）。これまでは，アメリカやヨーロッパ，あるいは日本のような，いわゆる先進国といわれている国々でエネルギーが消費されてきました。一方，今後エネルギー消費量が増えてくるであろうと考えられているのは，中国，インド，その他のアジア諸国など，かつては発展途上国とよばれていた新興国に属する国々です。今後こうした国々で産業が発展していくことで，エネルギー消費量が増加していくことが予想されています。

ところで，石油や石炭あるいは天然ガスのような化石燃料，さらに核燃料は，非再生可能エネルギーであると説明しました。非再生可能エネルギーは資源量に限りがあり，使い続けるとやがて枯渇するということになります。非再生可能エネルギーの可採年数は，原油（油田から採掘されてまだ精製されていない石油）と天然ガスについては約 50 年，核燃料であるウランは約 100 年，石炭は約 135 年と考えられています。化石燃料は，地球温暖化の問題から使用しない方向に転換することがとても重要ですが，仮に化石燃料に問題がないとしても，ずっと使い続けることは

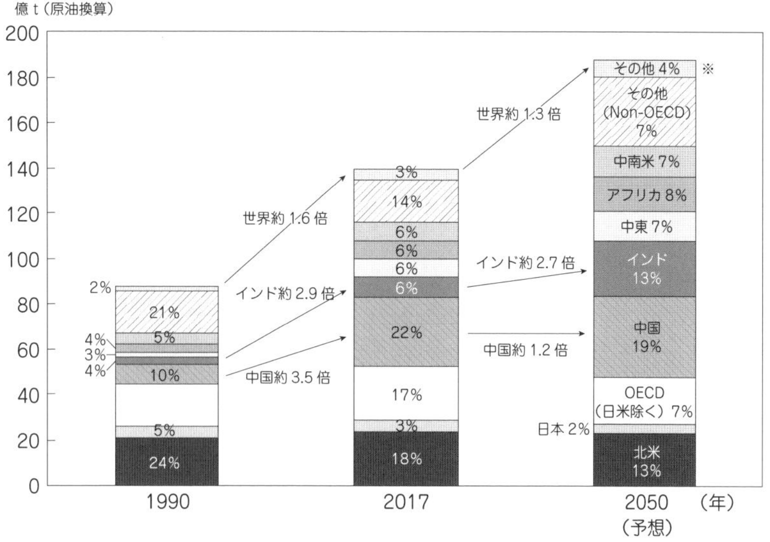

図 3-2　国・地域別の一次エネルギー消費量

2050 年のエネルギー消費量の見通しは，レファレンスケースで作成。
※「その他」は国際海運や国際空運における消費量。
九電グループデータブック 2020 をもとに作成。

できないエネルギーなのです。そのため，持続的に使える再生可能エネルギーへの転換を目指すことが急務であると言えます。

3-4　日本のエネルギー情勢

ここでは，日本のエネルギー情勢について見ていきましょう。

日本では，使用している一次エネルギーの自給率が 10% ほどしかなく，大半を輸入に頼っているという状況にあります。表 3-1 を見るとわかるように，例えば，原油は中東の国々からその約 9 割を輸入しており，石炭や天然ガスもオーストラリアをはじめ，海外からの輸入に頼っています。このようにエネルギーを輸入に頼っているという状況は，日本のエネルギー情勢にとって大きな問題点の一つです。

表 3-1　日本のエネルギー資源の主な輸入国

	1位	2位	3位
原　油	サウジアラビア	アラブ首長国連邦	カタール
石　炭	オーストラリア	インドネシア	ロシア
天然ガス	オーストラリア	マレーシア	カタール

次に，日本が発電において，どのようなエネルギーを使っているかについての経年変化を示したのが図 3-3 です。日本でも世界全体の状況と同じく，やはり石炭や石油，天然ガスといった化石燃料と原子力に頼っている，すなわち非再生可能エネルギーに依存しているということがわかります。かつての日本は水力エネルギーを主導としていました。その後，発電量の増加に伴い，石油の使用量が増大していきました。しかし，1975 年頃を境に石油主導から石炭，天然ガス，

原子力主導に変わっていることがわかります。実は，1973 年に第一次石油危機（第一次オイルショック）が起こり，それを境に日本では石油を含む原油への依存度を下げる取り組みが行われたのです。

第一次石油危機（第一次オイルショック）とは，1973 年に起こった第四次中東戦争により，中東の産油国が原油の減産と大幅な値上げを行ったことによって，石油輸入国の経済に深刻な打撃を与えた事態のことを指します。表 3-1 でも示したように，日本は原油を輸入に頼っています。そのため，第一次石油危機において，日本でも原油の輸入が厳しい状況となり，経済的な大混乱が生じたのです。当時は，原油だけでなく，日用品もなくなるという風評が広がり，店からトイレットペーパーやティッシュがなくなるといった事態も起こりました。このような事態を受け，日本では石油への依存を下げる取り組みが進められたのです。この例でも明らかなように，エネルギーを海外からの輸入に頼っているという状況は，海外の情勢が変わることによって，自国のエネルギー情勢に大きな影響が生じることとなり，日本がエネルギーに関して抱える大きな問題の一つと言えるのです。

なお，その後，1979 年には中東のイランにおいてイラン革命が起こり，第一次石油危機と同様，石油の減産や値上げによる第二次石油危機が訪れています。

日本では 1973 年のオイルショックを境に，石油への依存度が減少し，天然ガス（液化天然ガス，LNG）や原子力への依存度が増加することとなりました。図 3-3 を見ると，その後 2 つ目の転換点として，2010 年頃を境に原子力への依存が急激に減少し，石炭と天然ガスが主体となってきていることがわかります。これは 2011 年の 3 月に起こった東日本大震災による福島の原子力発電所の事故が原因です。原子力発電所の事故により周辺地域に大きな被害が生じ，その結果原子力依存の体制が疑問視され，日本各地の原子力発電所の稼働停止が進められました。このように，

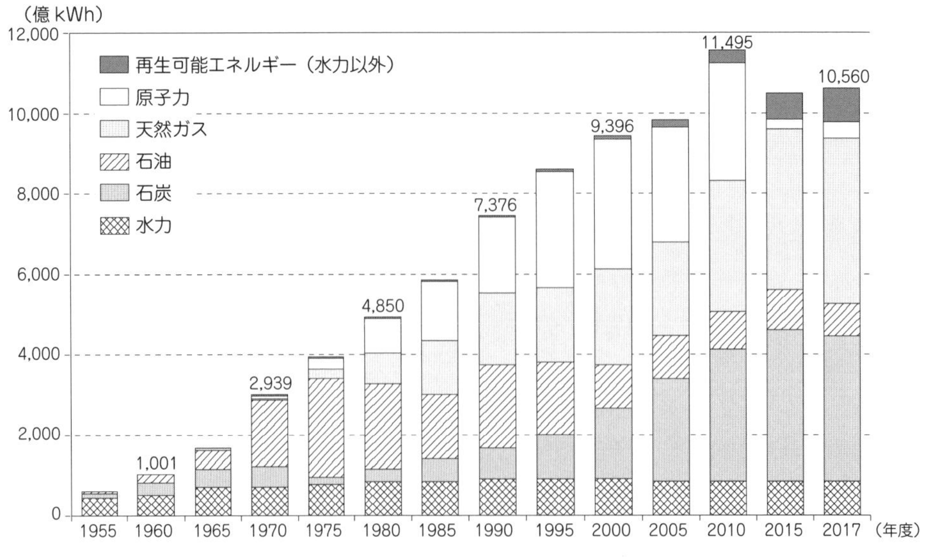

図 3-3　日本の発電電力量の推移

エネルギー白書 2019 をもとに作成。

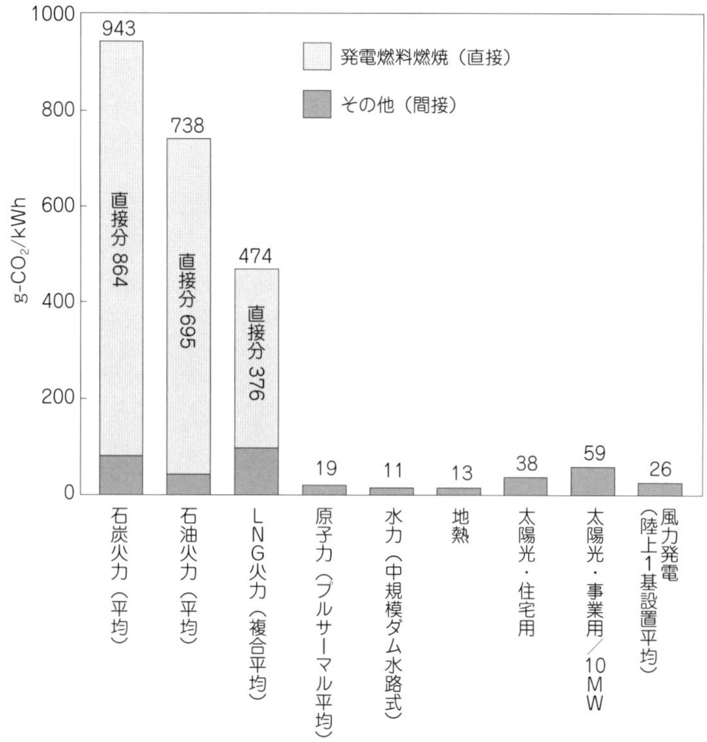

図 3-4　各種発電技術のライフサイクル CO_2 排出量

電力中央研究所報告（2016）をもとに作成。

東日本大震災以降は原子力からの脱却が図られましたが，その補完のために，化石燃料である石炭や天然ガスの利用が増大してきているというのが現状です。

石炭，石油，天然ガスは二酸化炭素の排出量が非常に大きいエネルギーです（図 3-4）。一方で，原子力は二酸化炭素の排出は非常に少ないエネルギーと言えます。原子力にはさまざまな問題や不安がありますが，地球温暖化という点から考えると，石油や石炭，天然ガスに比べて原子力は地球温暖化を招きにくいエネルギーと言えるのです。実際，アメリカでは 1979 年に起こったスリーマイル島原発事故の後，原子力発電所の稼働率が低下した時期がありましたが，低炭素電源としての価値が再認識されたこともあり，近年は稼働率が上昇しています。また，フランスやイギリスでは，原子力発電が地球温暖化対策の一つとして位置づけられ，現在も原子力発電所の稼働が続けられています。

次に，日本のエネルギーがどのようなところで使われているかについて，1973 年（第一次石油危機の後）から現在までの約 50 年間についてふり返ってみましょう。産業部門，業務部門，家庭部門，運輸部門において実際に使われたエネルギー消費（最終エネルギー消費）は，1985 年頃から徐々に右肩上がりとなっていき，2000 ～ 2005 年頃には全体として 1973 年の約 1.5 倍となりました。しかしその後は減少に転じる，すなわち省エネの取り組みが進み始まります。1973 年を基準として 2017 年における伸びをみると，全体としては約 1.2 倍に落ち着いています。しかし，省エネがすすんでいるのは主に産業部門であり，家庭部門はこの 50 年間でエネルギー消費が約 2.0 倍に増大しています。

実際に家庭ではどのようなところでエネルギーが使われているかを詳しく見ると，暖房や給湯といった，水や空気を温める過程となっています。それ以外では，照明などに使われるエネルギーが増加しています。また，エネルギー源としては，ガスや灯油のような一次エネルギーより，二次エネルギーである電気の使用が多くなっています。

3-5　再生可能エネルギー

ここでは，再生可能エネルギーについて考えていきましょう。

再生可能エネルギーとは，3-2 でも述べたように，再生することができて持続的に使えるエネルギーのことをいい，自然エネルギーともよばれます。再生可能エネルギーは国内で得られる，輸入ではない国産のエネルギーです。また，二酸化炭素を放出しないという特徴もあり，環境を汚さないということからクリーンエネルギーともよばれています。

図 3-5 のグラフには，電力に占める日本の再生可能エネルギーの割合が示されています。2017 年度には，再生エネルギーは電力の約 16% を占めており，その内訳は，水力，太陽光，風力，バイオマス，地熱であることがわかります。化石燃料による地球温暖化の問題などを受け，日本でも今後，再生可能エネルギーの導入を進めることが必須とされており，2030 年度には電力に占める再生可能エネルギーの割合を 20% 以上，具体的には 22 ～ 24% 程度に上げていこうとい

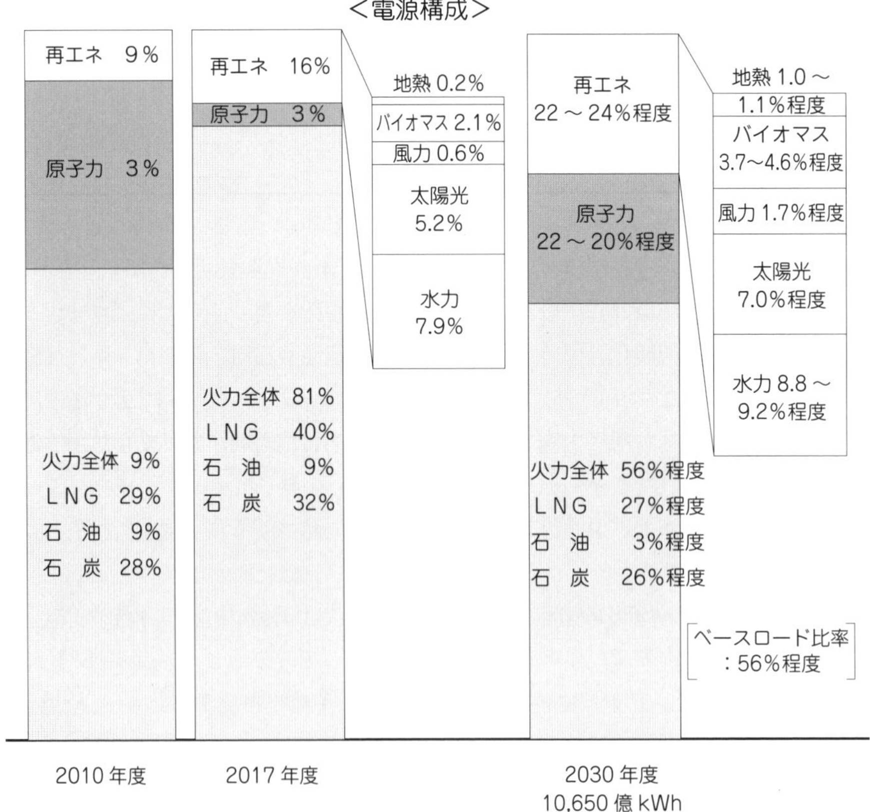

図 3-5　日本の再生可能エネルギー

資源エネルギー庁審議会資料 2019 をもとに作成。

う計画が立てられています。

そこで以下に，いくつかの再生可能エネルギーについて，個別に説明していこうと思います。

3-5-1　水　力

3-1 でも述べたように，水力は世界でも日本でも古くから使われていたエネルギーで，水の落差を作って水車を回し発電します。日本は降水量が多く川もたくさんあり，さらに国土が狭く山が多いため川の傾斜が急で落差があることから，水力発電に適した国と言えます。図 3-6 を見ると世界の中で，日本は水力発電による発電量が比較的多い国であることがわかります。水力発電は，ダムに貯めた水を使用するため，電力需要の変動によって，貯めていたダムの水からどのぐらい電気を供給するかを調整することができます。貯蓄可能で比較的安定に供給できるエネルギーと言えるのです。

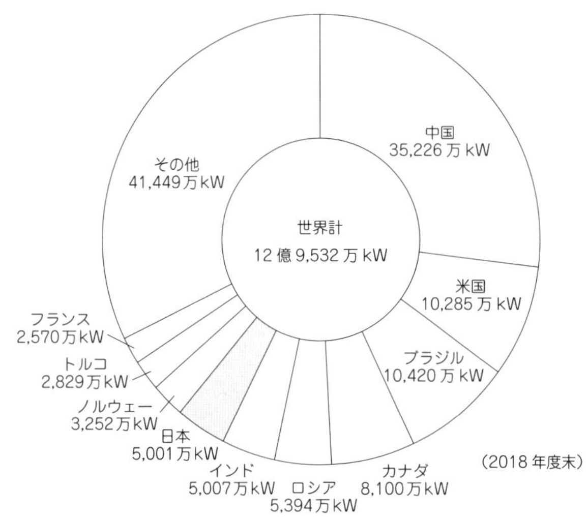

図 3-6　水力発電導入量の国際比較

エネルギー白書 2020，一次エネルギーの動向をもとに作成。

しかし，豪雨などの洪水の際にダムの水を放流することによって，ダムの下流域で川の氾濫を引き起こすといったような問題が起こることがあります。また，人為的な放流ではなく，洪水によってダムが決壊し，被害が出る場合もあります。このように，水力は貯蓄可能で需要の変動にも対応できるという利点がある一方で，大きな被害を生む可能性も秘めているのです。

3-5-2　太陽光

次に太陽光発電について考えてみましょう。太陽光発電は，太陽電池を使って太陽の光エネルギーを直接電気に変換する発電方式で，持続可能で再生可能なエネルギーの代表ということになります。

日本では世界の中でも太陽光発電の導入が進んでいる国といえ，2003 年までは世界最大の導入国でした。その後，ドイツ，中国，アメリカなどで導入が加速され，2018 年には中国，アメリカに次ぐ，世界第 3 位の導入国となっています。トップの座は明け渡したとはいえ，政府が住

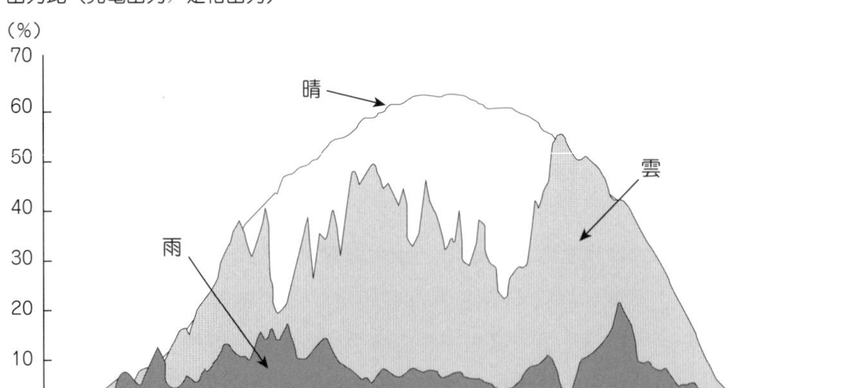

図 3-7　太陽光発電の天候別発電電力量の推移

エネルギー白書 2020，一次エネルギーの動向をもとに作成。

宅用太陽光発電設備に対する補助制度，余剰電力買い取り制度などを導入し，また，太陽電池の価格が低下するといったこともあり，太陽光発電の導入量は現在も増加しています。

一方で，太陽光発電は天候や日照条件などにより発電量が変動する不安定な電力であるという問題があります（図 3-7）。太陽光発電の導入をさらに拡大するためには，導入コストの削減だけでなく，発電量の変動への対策が重要であるといえるでしょう。

3-5-3　風　力

風力は，風車などの利用を通して，水力と共に人類の非常に早い時期からエネルギーとして使われてきました。風力を利用するということは，無公害で国産の再生可能なエネルギーを利用することになります。日本でも近年，風力発電が徐々に導入され始めました。

一方で，風力発電は，発電量が大きく変動する非常に不安定な発電様式です。前述したように，太陽光発電も天候や日照条件などによって発電量が変動する不安定な発電様式で，雨天時の発電量はわずかとなります。しかし，風力発電は太陽光発電よりもはるかに不安定な発電様式と言えます。すなわち，風が吹く日と吹かない日がはっきりしているので，風が吹かなければ発電できない，まさに風まかせの発電ということになるのです。また，日本では台風の襲来が多いですが，強風で発電量が増えるというメリットを越え，風が強すぎて風力発電の風車が折れてしまうといったような被害が出ることもあります。さらに，諸外国に比べて平地が少なく地形が複雑なため，風車の設置そのものが難しいといった問題もあります。そのため，日本では風力発電は導入が進みにくい状況にあります。世界をみると，風力発電はコストが比較的低いという利点もあり，中国を中心にアメリカやヨーロッパの各国などで世界で導入が進められています（図 3-8）。

3-5-4　バイオマス

次にバイオマスエネルギーについて説明しましょう。

バイオマスとは，本来は生物（バイオ：bio）の量（マス：mass）ということで，生態系の中

図 3-8　スウェーデンの平原に設置された風力発電用の風車（筆者撮影）

でどのぐらい生物がいるかという生物量を表す用語でした。しかし，現在は化石燃料を除いた生物に由来する資源物質のことを指すようになっています。

バイオマスエネルギーは生物に由来する資源物質であるため，図 2-2 に示した光合成による炭素循環の中で，大気中の二酸化炭素を増加させずに，生物が継続的に生産し人間に供給できる食料以外の物質となっています。バイオマスは，植物，草食動物（植物食動物），あるいは肉食動物（動物食動物）それ自身，あるいはそれらの枯死体，遺骸，排泄物などから由来した物質です（図 3-9）。そのため，そもそも大気中の二酸化炭素から光合成によって植物が取り込んだ有機物に由来したエネルギーということになります。このように，バイオマスは生態系における炭素の循環に含まれた資源ということになり，大気中の二酸化炭素を増加させない再生可能なエネルギーなのです。バイオマスのように，二酸化炭素を増加させずに継続的に生産・利用できる状態を，カーボンニュートラルとよびます。

バイオエタノールはバイオマスエネルギーの代表的なものの一つで，アメリカやブラジルで普及が進んでいます。バイオエタノールを生産するための原料は，基本的には食品には使えないような規格外のコメやムギ，トウモロコシ，サトウキビ，あるいは食品の廃棄物や建築廃材などです。一方で，新たなバイオマスエネルギーの原料開発も進んでいます。先ほど例に挙げたコメやムギ，トウモロコシやサトウキビは，規格外とはいえ食料を他の用途に使ってしまうことになります。そこで，食用ではないもの，また，干ばつなどに強い，少ない水で栽培できる，といったように栽培しやすい植物などが新たなバイオマスエネルギーの原料として開発されているのです。また，ミドリムシなどのような藻類をはじめとした水中の微生物などもバイオマスエネルギーの原料として注目され始めています。さらに，廃棄物として捨てられる廃油や動物の排泄物などを原料にするといった取り組みも始まっています（図 3-9）。

カーボンニュートラルで環境に負荷をかけず大気中の二酸化炭素を増やさないバイオマスエネルギーですが，バイオマスエネルギーにも問題点があります。一番の問題点は，食料との競合です。前述したように，バイオマスエネルギーはいろいろな原料から作ることができますが，トウモロコシやサトウキビなどそのまま食料にできるようなものを原料にすると，最も効率よくバイ

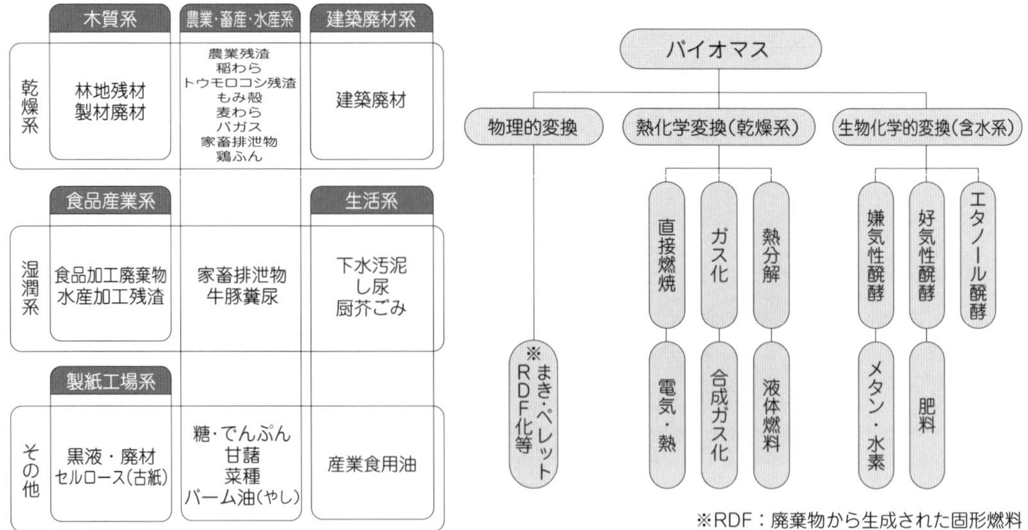

図 3-9　バイオマスの分類および主要なエネルギー利用形態

エネルギー白書2020，一次エネルギーの動向をもとに作成。

オエネルギーを作ることができるのです。そのため，ブラジルなどでは，熱帯雨林を焼き払って畑にし，サトウキビなどを栽培し，食用としてではなくバイオマスエネルギー用に売って儲けを得るということが広まっています。食料となるはずのサトウキビやトウモロコシがバイオマスエネルギーになることで，食料不足や食料価格の値上げにつながるといった問題が生じているのです。また，熱帯雨林を焼き払って畑にするということで森林破壊にもつながります。

他にも，バイオマスエネルギーが増産されるようになってはいるものの，やはりまだ化石燃料など従来のエネルギーに比べると価格が高いといった現状もあります。バイオマスエネルギーはカーボンニュートラルなエネルギーではありますが，解決すべき問題もたくさん抱えたエネルギーということになるのです。

3-5-5　地　熱

次に再生可能エネルギーとして地熱発電について紹介しましょう。

地熱発電とはマグマなどが持つ地熱エネルギーを利用するもので，地熱によって加熱され高温になっている地下水（熱水）やその蒸気を利用してタービンを回して発電をする様式です。二酸化炭素の放出量がほぼゼロで，枯渇しない国産のエネルギーです。マグマなどが持つ地熱エネルギーということで，火山のある国が地熱発電に適していることが想像できます。日本は多くの火山帯を有しているので，地熱資源量は世界第３位となっており，新たな再生可能エネルギーとして注目されています（表 3-2）。

一方，火山や地熱資源がある地域は，日本では国立公園などになっており，景観保護が指定されているケースがかなりあります。そのため，例えば箱根の温泉地に大きな地熱発電所を作るということは容易ではないのです。また，火山の噴火などによって地熱発電所が損傷を受けるといったことも考えられます。このように，地熱発電は期待が大きい反面で解決すべき問題もさまざま

表 3-2　主要国における地熱資源量および地熱発電設備容量

国　名	地熱資源量（万 kW）	地熱発電設備容量（万 kW）
米　国	3,000	380
インドネシア	2,779	195
日　本	2,347	54
ケニア	700	66
フィリピン	600	193
メキシコ	600	95
アイスランド	580	75
ニュージーランド	365	100
イタリア	327	77
ペルー	300	0

（2018 年末時点）

エネルギー白書 2020，一次エネルギーの動向をもとに作成。

抱えています。日本には地熱資源である火山や温泉などがたくさん存在しているため，今後，地熱発電という再生可能エネルギーについて注目し，問題を解決しながら導入を進めていくことが重要であると言えます。

3-5-6　リサイクルエネルギー

再生可能エネルギーの中には，リサイクルエネルギーもあります。ゴミなど不要なものを燃やしてその時の熱を利用して発電をする廃棄物発電や，家畜の糞尿などを処理してその熱を利用するといったものです。廃棄物焼却時の熱を利用する例としては，ゴミ焼却場でゴミを焼却した熱を利用した発電などが知られています。また，家畜の糞尿を発酵処理することによってメタンを生産し，それを燃料にするといったような試みなども行われています。

＜参考文献・参考サイト＞

エネルギー白書 2013　第 1 部 / 第 1 章 / 第 1 節 人類の歩みとエネルギー　資源エネルギー庁
https://www.enecho.meti.go.jp/about/whitepaper/2013html/1-1-1.html

エネルギー白書 2019　第 2 部 / 第 1 章 / 第 4 節 二次エネルギーの動向　資源エネルギー庁
https://www.enecho.meti.go.jp/about/whitepaper/2019html/2-1-4.html

エネルギー白書 2020　第 2 部 / 第 2 章 国際エネルギー動向　資源エネルギー庁
https://www.enecho.meti.go.jp/about/whitepaper/2020html/

電力中央研究所報告「日本における発電技術のライフサイクル CO2 排出量総合評価」 2016 年 7 月　電力中央研究所
https://criepi.denken.or.jp/jp/kenkikaku/report/download/QecsP8ZtedUqmVIHnedmegL9EEpPgtFY/Y06.pdf

九電グループデータブック 2020　世界のエネルギー情勢
http://www.kyuden.co.jp/var/rev0/0270/5002/data_book_2020_01_c.pdf

「再エネ大国　日本への挑戦」，山口豊，スーパー J チャンネル土曜取材班 著，山と渓谷社（2020）

「エネルギー 400 年史：薪から石炭，石油，原子力，再生可能エネルギーまで」，リチャード・ローズ 著，秋山勝 訳，草思社（2019）

4 大気汚染と酸性雨

この章では大気汚染について考えていきます。

4-1 地球の大気

まず，私たちがくらしている地球の大気について見ていきましょう。

地球の大気は窒素，酸素，そしてそれ以外の様々な気体から構成されています（図 4-1）。地球上の大気の 80% 近くは窒素が占めており，さらに残りの約 20% が酸素です。それ以外の気体として，アルゴンや二酸化炭素などが含まれています。

二酸化炭素の濃度は約 0.04% であり窒素や酸素に比べるとごくわずかです。一方で，窒素や酸素の濃度は長い間ほぼ一定であるのに対し，二酸化炭素の濃度は，つい最近までは 0.03% でした。0.03%が 0.04%になるというのは，割合としては大きな変化といえます。2 章でも述べたように，人間活動により生じたものも含め二酸化炭素は植物や海が吸収しています。植物や海は二酸化炭素を吸収することで二酸化炭素濃度の増加を抑制し，濃度を一定にする緩衝作用を持っています。そのため，これまで大気中の二酸化炭素濃度はほぼ一定でした。具体的には，二酸化炭素濃度はおよそ 280 ～ 290 ppm，パーセントに直すと約 0.03% という値が 20 世紀の初めまでずっと長い間保たれてきたのです（図 4 -2）。ところが 1900 年代に入ると，二酸化炭素濃度が徐々に右肩上がりに増加していきます。特に近年は急激な右肩上がりで濃度が増加しているのです。ところで，このようなグラフの傾向はどこかで見たことがありませんか。実は，第 1 章で示した世界人口の推移（図 1-2）と，この二酸化炭素濃度上昇の傾向がとてもよく似ているのです。すなわち，どちらのグラフも 1900 年代半ば頃から急激に増加に転じるという変化を示しています。このことから，おそらく二酸化炭素濃度の増加，特に近年見られる急激な増加は，地球における人口増加がその一因になっているのではないかと予想することができます。

現在，大気中の二酸化炭素濃度は 400 ppm すなわち 0.04% を超え，今も増え続けています（図 4 -2，挿入図）。その結果どういうことが起こるかについては，第 5 章で詳しく説明します。

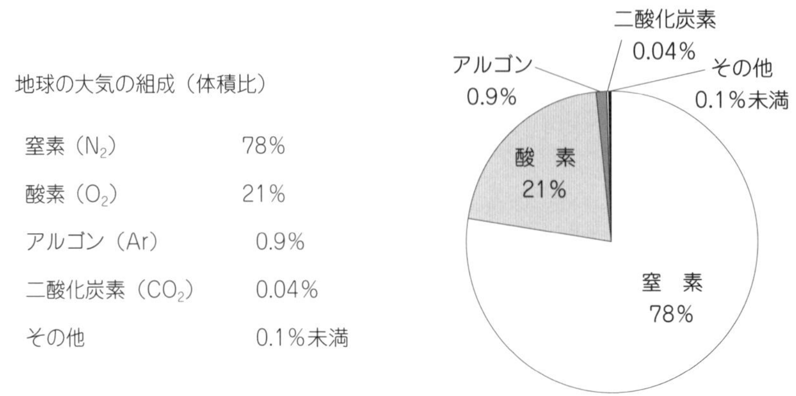

地球の大気の組成（体積比）

気体	割合
窒素（N_2）	78%
酸素（O_2）	21%
アルゴン（Ar）	0.9%
二酸化炭素（CO_2）	0.04%
その他	0.1%未満

図 4-1　地球の大気の組成

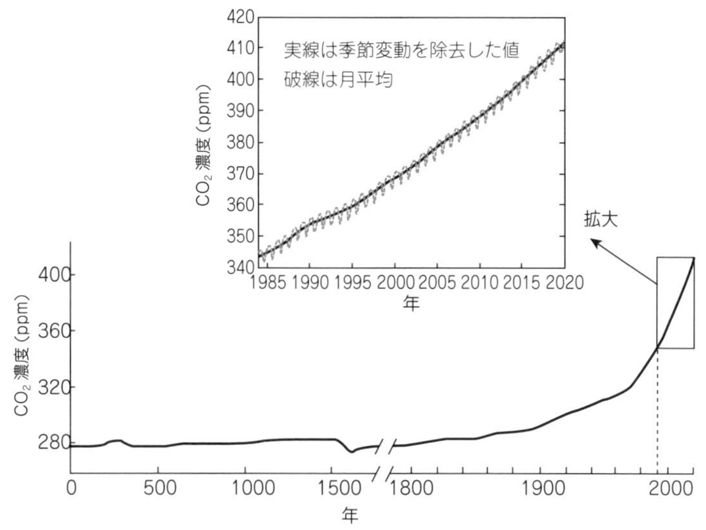

図 4-2　西暦 0 年から 2020 年までの地球の大気中の二酸化炭素濃度の変化

気象庁ホームページ，二酸化酸素濃度の経年変化および温室効果ガスの濃度の変化をもとに作成。

ところで，図 4-2 の拡大部分のグラフは，二酸化炭素の濃度が 1 年を周期として増えたり減ったりという小さな変化を繰り返しながら全体として右肩上がりになっていることがわかります。1 年の間に二酸化炭素の濃度が増えたり減ったりするということは，どういった原因で起こるのでしょうか。この変化は植物の光合成と関係があります。地球上では，陸地（大陸）が北半球により多く存在しており，さらに陸地には熱帯地方を中心に森林が発達しています。そのため，北半球の夏の時期には植物の光合成が盛んになり二酸化炭素が吸収され，地球全体としての二酸化炭素濃度は少し減少します。一方，北半球が冬になると植物の光合成が減少します。さらに，大陸には多くの人間が住んでいるため，寒さにより化石燃料を中心とした燃料の使用が増えます。そのため，結果として，北半球が冬の時期には，地球の大気中の二酸化炭素の濃度が少し増えることになるのです。このような小さな周期的変化を毎年繰り返しながら，大気中の二酸化炭素は徐々に右肩上がりで増加しています。

4-2　大気汚染物質の種類と性質

さて，それでは次に大気の汚染について考えていきましょう。

大気汚染物質の発生源についてみると，その大半は私たちの人間活動に由来しています。その例として，火力発電による大気汚染物質の発生，様々な産業活動や私たちの家庭での活動による人気汚染物質の放出などが挙げられます。一方，大気汚染物質の一部は火山活動のような自然界の活動が原因となっているものもあります。

さらに，大気汚染物質は直接排出される一次大気汚染物質と，それらが大気中で化学反応を起こすことによって生じる二次大気汚染物質に分けられます。

以下，代表的な大気汚染物質について，見ていきましょう。

4-2-1　一酸化炭素（CO）

一酸化炭素（CO）は，石油や石炭など炭素を含む物質の不完全燃焼で生じます。不完全燃焼とは，酸素（O_2）が足りないところで炭素を含む物質が燃焼する状態で，本来生じる二酸化炭素（CO_2）の代わりに一酸化炭素が生成されてしまいます。一酸化炭素の主な発生例としては，車の排気ガスや暖房器具の不完全燃焼などによるものが知られています。冬になると，一酸化炭素中毒で亡くなる人のニュースを聞くことがありますが，寒さのため閉め切った部屋の中で石油ストーブなど使っていると，部屋の中の酸素が不足し，石油が不完全燃焼して一酸化炭素が生じてしまうのです。

一酸化炭素中毒とは，急性の血液の酸素輸送能力低下の状態を言います。私たちの体の中では，酸素はヘモグロビンというタンパク質に結合して運ばれていますが，ヘモグロビンには一酸化炭素も結合することができ，その結合力は酸素より強いのです。そのため，ヘモグロビンに一酸化炭素がつくと酸素が結合できなくなり，体のすみずみに酸素を十分に送れなくなってしまうという症状が起こります。一酸化炭素中毒になると，特に酸素不足により脳の活動が低下してしまうため，意識が次第に失われ，窓を開けようとか外に出ようといった行動ができなくなってしまい，最悪死に至ることがあるのです。一酸化炭素中毒を防ぐためには，冬場に締め切った部屋で石油ストーブやガス湯沸器など，燃焼を伴う（炎の見える）器具を使う際に定期的に窓を開けるといった対応が必要です。特に頭痛などの症状が出た場合は，酸素が足りなくなってきているサインなので，早めに換気することが重要です。

4-2-2　二酸化炭素（CO_2）

次に，二酸化炭素（CO_2）について少しだけ説明します。二酸化炭素については，第５章の地球温暖化のところで詳しく説明をします。

二酸化炭素は動物の呼吸や微生物の発酵，有機物の燃焼や火山活動などによって大気中に放出されています。一酸化炭素とは違い，人間の体に直接大きな害を及ぼすということはありませんが，現在二酸化炭素は温室効果ガスとして地球環境に大きな影響を与えています。また，二酸化炭素は水に溶けると炭酸になり，溶解度（飽和の状態）まで溶け込むと pH5.6 という弱酸性を示すことが知られています（pH については，第６章で詳しく説明します）。

$$CO_2 + H_2O \rightleftharpoons H_2CO_3 \text{（炭酸）}$$

$$H_2CO_3 \rightleftharpoons H^+ + HCO_3^-$$

4-2-3　二酸化硫黄（SO_2）

次に，二酸化硫黄（SO_2），いわゆる亜硫酸ガスについて説明しましょう。

石油や石炭などの化石燃料中には硫黄（S）が含まれています。硫黄は燃焼すると（酸素と結びつくと）二酸化硫黄（SO_2）という物質になります。二酸化硫黄はさらに酸化され，三酸化硫黄（SO_3）となり，三酸化硫黄が水分と反応すると硫酸（H_2SO_4）になるのです。

$$2SO_2 + O_2 \rightarrow 2SO_3$$

$$SO_3 + H_2O \rightarrow H_2SO_4$$

4-3-2 で光化学スモッグなどの話をしますが，呼吸によって三酸化硫黄や硫酸が取り込まれると，呼吸器に酸化障害を与え，喘息や気管支炎，肺炎などを引き起こすことが知られています。

4-2-4　窒素酸化物（NO_x）

窒素酸化物（NO_x）とは，窒素に酸素が結合したものですが，窒素と結合する酸素の数がいろいろ変わるので，まとめて窒素酸化物（NO_x）とよばれています。

4-1 で述べたように，空気中には窒素がたくさん含まれていますが，その窒素が高温で酸化されると一酸化窒素（NO）が発生します。この一酸化窒素が酸化されると二酸化窒素（NO_2）となり，二酸化窒素が水と反応して硝酸（HNO_3）になります。硝酸は前出の硫酸と共に強い酸性を示します。こうした物質が雨に少しだけでも溶け込むと，酸性雨とよばれる酸性度の強い雨となります。また，窒素酸化物はタバコの煙などにも含まれており，気管支喘息，肺気腫，慢性気管支炎などのような呼吸器系の疾患を引き起こすことが知られています。さらに，酸性雨などを介して都市の建造物や文化財に損傷を与えるということも知られています。

4-2-5　揮発性有機化合物（VOC）

揮発性有機化合物（Volatile Organic Compounds：VOC）とは，常温（日本薬局法では 15 ～ 25℃）で揮発して気体になるという性質を持っている有機化合物のことを言います。さまざまな物質が知られていますが，特にトルエンやキシレンといったような有機化合物が有名です。VOC は，化学物質過敏症とよばれる症状の原因物質として知られているので，第 9 章の生活環境中の化学物質のところで詳しく説明します。ちなみに，化学物質過敏症は，花粉症などと並んで現代社会に広がっています。

4-2-6　浮遊粒子状物質（SPM）

浮遊粒子状物質（Suspended Particulate Matter : SPM）とは，特定の一つの物質を指すものではありません。大気中に浮遊している固体または液体の粒子状物質のうち，粒子の大きさ（粒径）が 10 μm 以下のものを言います。μm（マイクロメートル）という単位は，mm（ミリメートル）の 1/1000 なので，10 μm というのは 0.01 mm ということになります。粒子が非常に小さいため，大気中に長時間滞留し，呼吸器に取り込まれて沈着し，影響を及ぼすと考えられています。

SPM は，工場などで物が燃焼することによって生じるばいじん，物の破砕や選別などの際に飛散する粉じん，自動車の排気ガスなどに含まれる粒子状物質（PM）など，人為的な要因によって発生するものが主ですが，火山の噴火や森林火災，土壌の飛散など自然由来のものもあります。SPM の中でも，特にディーゼル車から排出されるディーゼル排気微粒子（DEP）は，発がん性の疑いやアレルギー疾患との関連性などが指摘されています。

また，近年話題になっている PM 2.5 とよばれる物質は，粒径が SPM よりさらに小さい 2.5 μm 以下の粒子の総称です。粒径が非常に小さいため，PM 2.5 は通常の SPM よりも肺の奥深くにまで到達してしまい，喘息や気管支炎を起こす確率が高いと考えられています。

4-2-7　オゾン（O_3）

オゾン（O_3）は二次大気汚染物質として最も有名なものです。地表付近では，二酸化窒素（NO_2）の光分解で生成する酸素原子（O）が酸素分子（O_2）と結合して生成します。オゾンは強い酸化力と反応性を持っており，後述するように，大気汚染物質による公害の例である光化学スモッグの本体，いわゆる光化学オキシダントの一つということになります。

一方で，オゾンは紫外線（UV）をよく吸収する性質を持っています。私たちのくらしている地球の上空にはオゾンが濃いオゾン層とよばれる層が広がっており，このオゾン層が太陽からの紫外線を吸収してくれているのです。特に 250 nm（ナノメートル；μm の 1/1000）という波長付近の紫外線を強く吸収し，その前後の 200 ～ 300 nm という波長の紫外線をよく吸収します。

紫外線は波長の長さによって UVA，UVB，UVC という 3 種類に分けられています（図 4-3）。UVA は紫外線の中でも一番波長が長く有害性が低いものです。私たちが日焼けをする際，皮膚の赤みを引き起こしているのが UVA です。UVB はそれよりもやや波長の短い紫外線で，UVA に比べて有害性が高くなり，皮膚がんや白内障の原因などになります。さらに UVB より波長が短いのが UVC という紫外線ですが，UVC はオゾン層のおかげで地球の表面には降り注ぎません。オゾン層がこうした有害性の高い短い波長の紫外線を吸収してくれるおかげで，地表に住んでいる私たち生物が紫外線の害から守られているということになります。

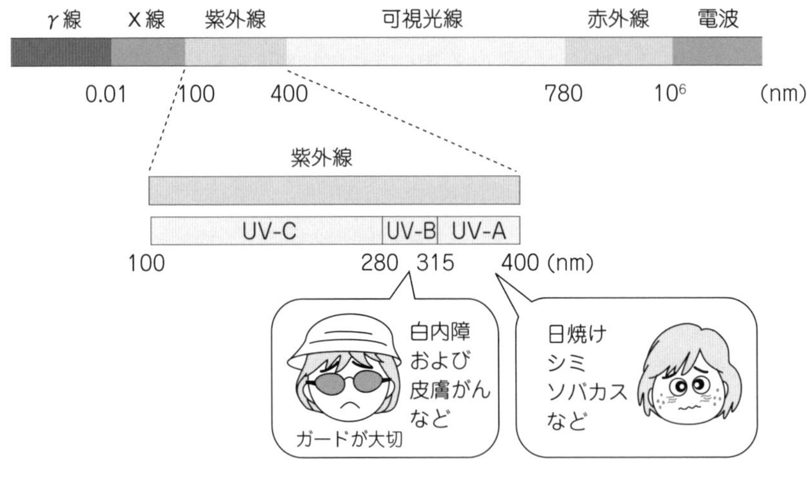

図 4-3　電磁波の種類

ところが近年，オゾン層が破壊されてきているという問題が注目されています。上空にあるオゾン層が，人間が使うフロン（クロロフルオロカーボン／ CFC）によって破壊されつつあるという問題です。フロンは非常に安定で分解されにくいガスであるため，冷蔵庫やクーラーの冷却用冷媒，あるいはスプレー缶のガスなどに使われてきました。大気中に放出されたフロンは分解されないまま上空へ移動し，紫外線によって分解され，発生した塩素原子がオゾンと反応してオゾンを酸素分子と一酸化塩素にしてしまうのです（図 4-4）。また，オゾン層は地球全体で薄くなっているのではなく，特定の場所で局所的に破壊が進んでいるということもわかってきています。

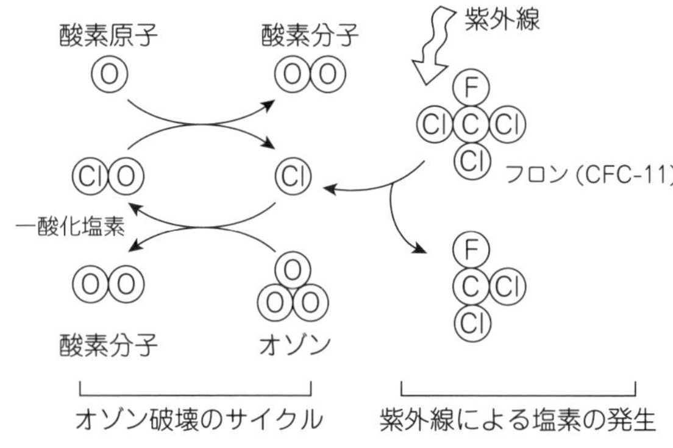

図 4-4　フロンによるオゾン層破壊のしくみ

気象庁ホームページ，オゾン層・紫外線をもとに作成。

いわゆるオゾンホールとよばれるもので，南極上空に存在しています。ホール（穴）という名前がついていますが，オゾン層に穴が開いているというわけではなく，オゾン層が周辺より薄くなっているということです。オゾン層が薄くなると紫外線を吸収する能力が低くなり，地球の表面に降り注ぐ紫外線の量が多くなります。近年ではオゾンホールにより南極だけではなく，オーストラリアなどでもその影響が出ています。例えば，オーストラリアでは，紫外線が原因の一つである皮膚がんの発生率が高くなっていることが報告されています。こうした状況を受け，ウィーン条約（1985 年）に基づいて 1987 年に採択されたモントリオール議定書で，オゾン層破壊の影響が強い特定フロン（CFC）の使用が禁止され，オゾン層を破壊しにくい代替フロン（HCFC や HFC）が使用されるようになりました。その効果もあって，オゾンホールの面積拡大には歯止めがかかり，ここ 15 年ほどは面積が縮小する傾向にあります。ただ，私たちが過去に放出してきたフロンは現在でも地球の上空に溜まっており，オゾン層が元の状態に戻るまでにはまだしばらく時間がかかると考えられています。さらに，代替フロンを含めフロンは温室効果ガスであるため，代替フロンによってオゾン層破壊が食い止められたとしても，温暖化は進んでしまうという問題も残っています。

4-2-8　芳香族炭化水素

大気汚染物質として，最後に芳香族炭化水素について説明します。

芳香族炭化水素は 500 ～ 800℃程度の燃焼で生成する物質であり，ベンゾピレンあるいはベンツピレンとよばれる物質やダイオキシンなどが知られています。ベンゾピレンは木材を低温で燃やした際や，タバコの煙の中に含まれています。ダイオキシンも様々な物質の燃焼によって発生することが分かってきています。ダイオキシンについては，環境中の有害な物質としても重要であるので，第 9 章で詳しく説明します。

4-3　大気汚染による公害

これまで述べてきたような大気汚染物質が大気中に放出されることによって，大気汚染が引き起こされ公害が発生してきました。ここでは，大気汚染による公害について，いくつかの例を紹介しながら説明していきます。

4-3-1 酸性雨

4-2-2 で述べたように，二酸化炭素が水に溶けると酸性になるため，雨に大気中の二酸化炭素が溶け込むと酸性になります。しかし，大気中の二酸化炭素が溶けただけでは，酸性となってもpH 5.6 までであり，それより酸性になることはありません。そのため，もし pH 5.6 より pH の低い酸性の雨が降ってきた場合は，二酸化炭素以外に何らかの酸性の物質が溶け込んでいるということになります。このような pH 5.6 以下の雨を酸性雨とよびます。酸性雨は，後述する光化学スモッグの中に含まれる様々な物質が溶け込むことによって，酸性になっていることが分かっています（図 4-5）。

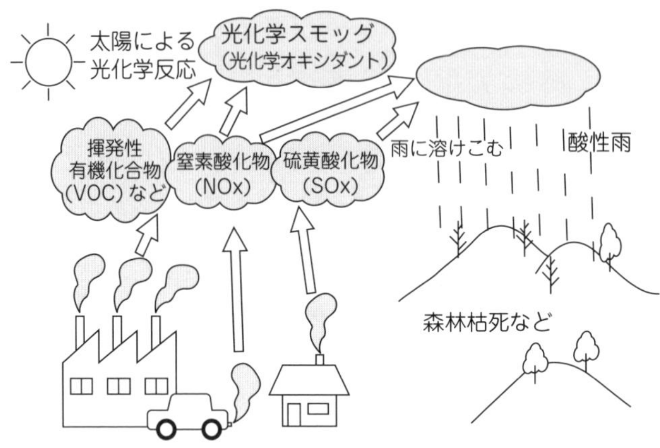

図 4-5　光化学スモッグや酸性雨

ところで，pH 5.6 より酸性の雨といわれても pH の数値を具体的にイメージすることは難しいでしょう。そこで，身近な例で酸性雨をイメージしてみましょう。図 4-6 は私たちが日頃目にする飲料や調味料，果物などのおよその pH を示した図です。pH 5.6 より酸性の飲料としては，少し酸味を感じる柑橘系のジュースなどがあります。酸性雨とは，こうした柑橘系のジュースが雨として降っ

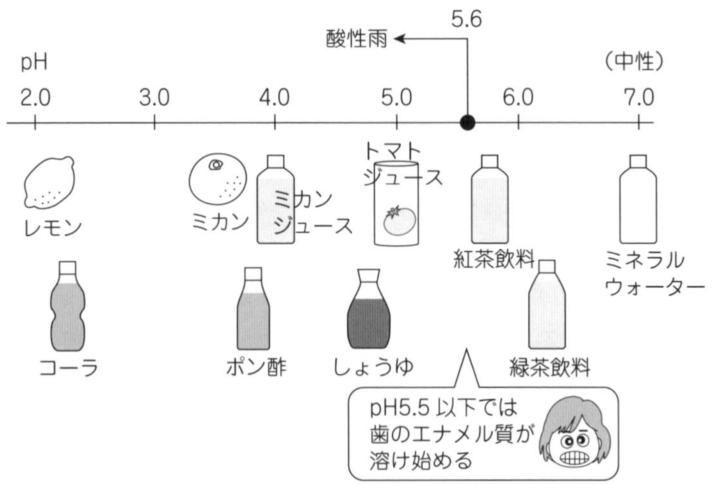

図 4-6　市販の飲料や調味料，果物のおよその pH

てきている，とイメージしていただくとわかりやすいでしょう。このような酸性の雨が降ってくれば，さまざまな被害が引き起こされることが想像されます。ヨーロッパではかつて酸性雨によって森林が広範囲にわたって枯れる，銅像が酸性雨によって次第に溶け表面に流れたような跡が残る，といった被害の例が報告されています。

4-3-2 スモッグ・光化学スモッグ

さて，ここでは大気汚染のうち，光化学スモッグなどについて説明したいと思います。

スモッグ（smog）という用語は，煙（smoke）と霧（fog）という言葉の合成語で，大気汚染物質により周囲の見通しが低下している状態を指します。1909年にスコットランドのグラスゴーで石炭使用によるスモッグにより1000人を超える死者が出た際に，スモッグという用語が使用されたことから，注目されるようになりました。スモッグによる健康被害として最も有名な例は，1952年の12月にロンドンで起こったスモッグ事件です。

通常空気の温度は地表から上空に行くほど低くなりますが，まれに上空に行くと気温が高くなるというような場合があり，そのような気温の高い上空の層のことを逆転層といいます。逆転層が生じる原因の一つに，放射冷却とよばれる現象があります。晴れて風の弱い冬の日の明け方頃に，雲がないため地面の熱が上空にどんどん逃げていき，地面の方が冷たく上空の方が暖かいという逆転現象が起こるのです。空気は温度差によって対流を起こすため，上空に冷たく重い空気があればそれが下降し，代わりに地上付近で暖まった空気が上昇し空気の対流（入れ替え）が起こります。しかし，逆転層が生じると対流が起こらなくなり，結果として，大気汚染物質が拡散しにくく地上付近に高濃度で溜まるという結果になるのです。

1952年12月のロンドンでは，冬の早朝にこの逆転層が生じました。そのため，当時石炭を用いていた暖房用煙突の排煙などに含まれる二酸化硫黄が，対流で拡散せずに町の中にスモッグとして溜まってしまいました。このスモッグは二酸化硫黄により非常に強い酸性であったため，呼吸器系疾患などさまざまな健康被害を引き起こし，1万人を超える死者を出す結果となったのです。

一方，図4-5にも示したように，大気汚染物質である窒素酸化物やVOCなどが，太陽からの紫外線を受けて光化学反応を起こすと，オゾンなどの光化学オキシダント（酸化性物質）を生じます。この光化学オキシダントが気象条件によって滞留し，白くもやがかかったような状態になることがあり，その状態を光化学スモッグとよんでいます。光化学スモッグは太陽の紫外線が生成要因となるため，主に夏場に発生します。

光化学スモッグによる健康被害の例としては，ロサンゼルスの光化学スモッグの問題が挙げられます。アメリカでは車社会が発展するにつれ，車から排出された大気汚染物質が光化学スモッグの問題を引き起こすようになりました。1950年代には，発生した酸化力の強いオゾンなどの光化学オキシダントにより，眼，鼻，気管，肺などの粘膜が刺激されるといった健康被害や，野菜や果実に損害が出るなどの被害を引き起こしたのです。

さて次に，日本における大気汚染による公害について考えてみましょう。

公害については第1章で詳しく説明しましたが，その中で四大公害病の一つとして四日市ぜんそくを紹介しました。1960年代に，四日市をはじめ川崎などでもロンドン型のスモッグ事件が

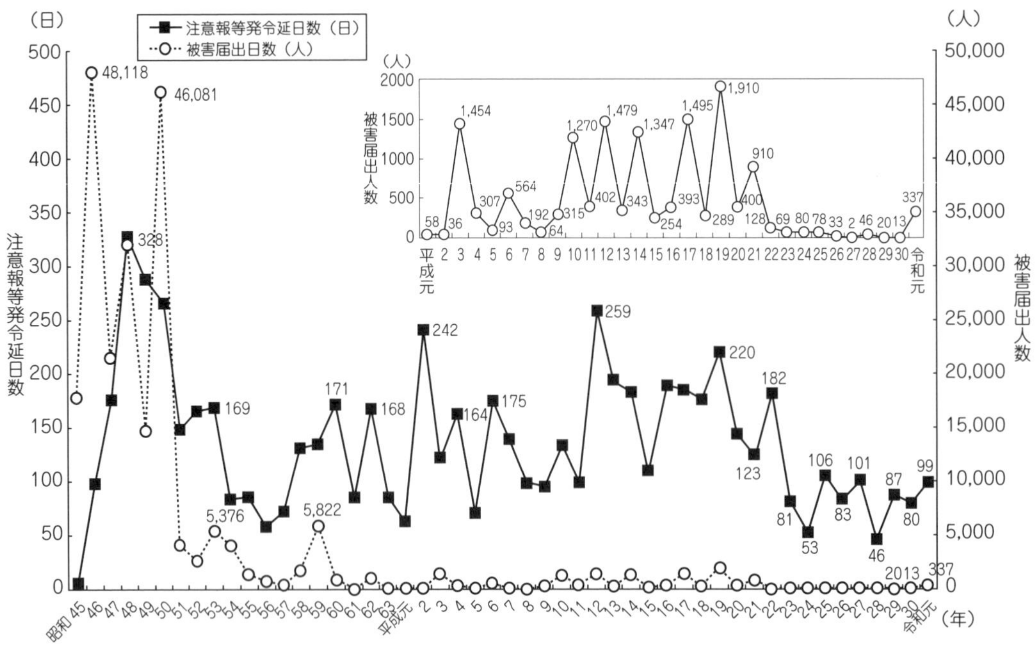

図 4-7　光化学オキシダント注意報等の発令延日数および被害届出人数の推移

環境省，令和元年光化学大気汚染の概要をもとに作成。

起こり，喘息など多くの健康被害が発生しました。一方，1970 年代には初夏に関東地方などでロサンゼルス型の光化学スモッグが発生しました。初夏の紫外線により酸化力の強い光化学オキシダントが発生し，それが喘息などの健康被害を引き起こしたのです。

その後，工場からの排煙や車の排気ガスなどに対する規制が厳しくなり，大気汚染の状況が改善されたことで，光化学スモッグによる健康被害は徐々に減少していき，被害届もほとんど出されなくなってきました（図 4-7）。しかし現在でもまだ，光化学スモッグ注意報は年間数十日発令されるという状況が続いています。

ところでかつて，光化学スモッグや酸性雨は，四日市や川崎のような大都市や工業地帯，すなわち車の排気ガスや工場の排煙が大量に発生している地域で生じるものでした。しかし，現在の日本では，大都市や工業地帯以外の地域でも光化学スモッグや酸性雨が観測されています。むしろ自然豊かな地域や離島などで酸性雨などが観測されるケースが増えているのです。その原因は，越境汚染です。日本国内では大気汚染物質の発生が抑えられてきましたが，地球の大気はつながっているため，他の国で発生した大気汚染物質（NO_x や SO_x など）が，気象条件によって長距離移動し，日本の上空で雨に溶け込んで酸性雨となる，あるいは，紫外線によって化学反応を起こして光化学スモッグになる，といった事態が生じているのです。特に日本の上空は偏西風が流れているため，日本の西側，すなわち大陸に位置している国々から大気汚染物質が長距離移動してくるということになります。こうしたことを考えると，地球の環境問題というのは一つの国で解決すればいいという問題ではなく，地球全体で考え解決していかなければならないということを改めて理解していただけると思います。

<参考文献・参考サイト>

気象庁　温室効果ガス Web 科学館

https://ds.data.jma.go.jp/ghg/kanshi/info_tour.html

気象庁　オゾン層・紫外線　基本的な知識

https://www.data.jma.go.jp/gmd/env/ozonehp/3-1ozone.html

環境省　令和元年光化学大気汚染の概要

https://www.env.go.jp/air/osen_1/photochemi_2/mat_osen_1photochemi_2r01.pdf

「新版 生活と環境 第 3 版訂正」，岡部昭二 他著，三共出版（2014）

「生命と環境」，林要喜知 他編者，三共出版（2011）

5 地球温暖化

この章では，現在最も深刻な地球環境問題の一つである地球温暖化について考えていこうと思います。

5-1 地球温暖化のメカニズム

4-1 でも述べたように，現在の地球の大気中には二酸化炭素が約 0.04% 含まれています。一方，大気中の二酸化炭素濃度は，これまで長い間 0.03% で保たれてきました。0.04%という数値はとても小さな数値にみえますが，0.03% が 0.04% になるということは，濃度が 1.3 倍以上になるということです。二酸化炭素は地球温暖化を引き起こす原因となる気体（温室効果ガス）であるため，それが 1.3 倍に増加するということは，地球にとって大きな影響が出るということを意味しています。

人間を含めた生物の活動などにより生じた二酸化炭素は，これまで植物（森林）や海が吸収してきました（図 5-1）。植物や海が二酸化炭素を吸収することで，大気中の二酸化炭素濃度の増加を抑制する緩衝作用がはたらき，二酸化炭素の濃度はほぼ一定の 0.03% という数値が保たれてきたのです。ところが，図 4-2 でも示したように，ほぼ一定であった大気中の二酸化炭素濃度は，20 世紀初頭以降に増加に転じ，現在は 0.04%（400 ppm）を超えており，さらに今も増え続けているのです。

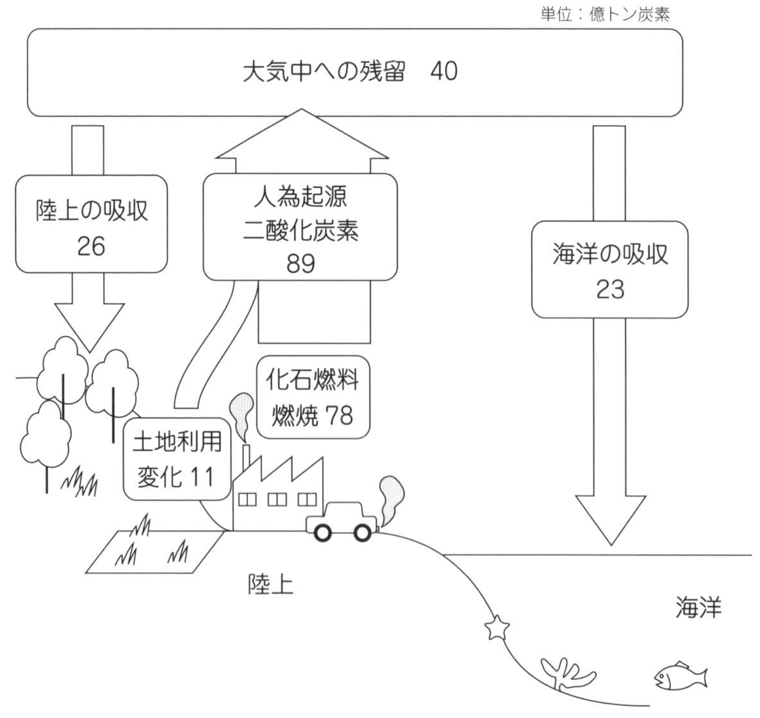

図 5-1　人為起源の二酸化炭素収支　2000 年代（年平均）

IPCC 第 5 次評価報告書（2013）をもとに作成。

では，なぜ二酸化炭素濃度が上昇傾向になっているのか，その理由を考えてみましょう。

2-5 でも述べたように，これまで人間活動により生じた二酸化炭素を吸収してくれていた地球上の森林は年々減少しています。特に熱帯雨林は近年急激に人為的な破壊が進み，二酸化炭素を吸収する力が減少しているのです。その一方，人間による化石燃料の使用が続いています。生態系の炭素の循環サイクルにおいて生成に非常に長い時間が必要な化石燃料を掘り出して使うことにより，大気中には一方通行で二酸化炭素が放出されています。このように，二酸化炭素の上昇には，人間の活動が大きく影響しているのです。

次に地球温暖化のしくみについて説明しましょう。

2-2 で生態系におけるエネルギーの話をした際，エネルギーは宇宙から太陽の光エネルギーとして地球にやってきて，最終的に主に熱として宇宙に戻っていく，ということをお話ししました。太陽からのエネルギーの約 7 割は大気と地表が吸収し，地球は温められます。エネルギーは最終的に宇宙へと戻っていきますが，宇宙へ戻るはずのエネルギーの一部は，温室効果ガスとよばれる気体によって大気中にとどまります。その結果，地球の平均気温は約 14 ～ 15℃に保たれ，人間や他の生物がくらしやすい温度になっているのです（図 5-2）。もし地球上に温室効果ガスがないと仮定すると，地球の表面は平均で－19℃程度になると考えられています。温室効果ガスは，実は地球を生物が住みやすい環境にするために大事なはたらきをしている気体なのです。しかし，人間活動によって温室効果ガスが増加すると，地球の気温が上がる，すなわち地球温暖化が進むということになります。

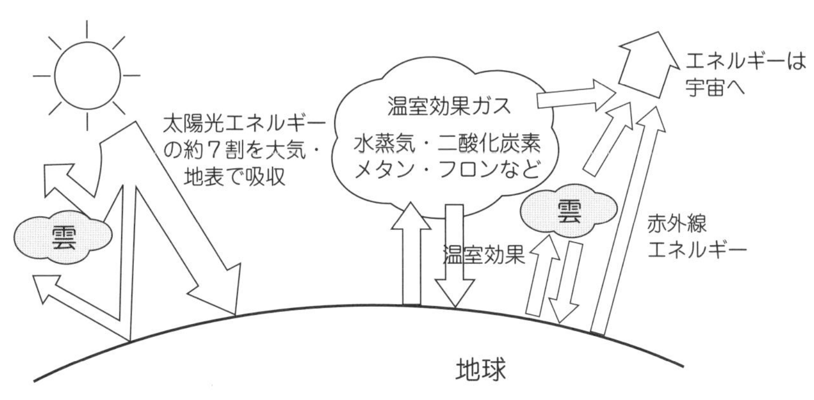

図 5-2　温室効果とは

矢印はエネルギーの流れを示す。

温室効果ガスには，二酸化炭素だけではなくいくつかの気体が知られています。水蒸気も温室効果ガスの一つに含まれます。現在の地球の温室効果に寄与する割合は水蒸気が約 5 割，二酸化炭素が約 2 割と考えられています。このうち，大気中に含まれる水蒸気の割合（相対湿度）は，基本的に人間活動ではなく自然のしくみ（気温）によって決まっており，産業革命前からほぼ一定だと考えられています。それに対して，二酸化炭素，メタン（C_2H_4），一酸化二窒素（N_2O），フロンなど人間活動によって濃度が変化している温室効果ガスが知られています（表 5-1）。メタンはゴミが発酵した際などに発生しますし，牛のゲップに含まれているという報告もあります。フロンは量としては非常に少ないですが，温室効果ガスとして温度を上げる効果（地球温暖化係

表 5-1　主な温室効果ガス

	産業革命前（1750 年）	2019 年	産業革命前からの増加率	地球温暖化係数	用途・排出源
二酸化炭素（CO_2）	280 ppm	410.5 ppm	148%	1	化石燃料の燃焼など
メタン（CH_4）	0.7 ppm	1.877 ppm	260%	25	畜産，稲作，廃棄物の埋め立てなど
一酸化二窒素（N_2O）	0.27 ppm	0.332 ppm	123%	298	燃料の燃焼，工業プロセスなど
フロン（HFCs など）	—	0.001 ppm	—	1,430 以上	スプレー，エアコンや冷蔵庫の冷媒など

世界気象機関（WMO）温室効果ガス年報第 16 号（2020）をもとに作成。

数）が高く，地球温暖化を加速すると言われています。こうしたさまざまな温室効果ガスが人間活動によって大気中に増えていくことによって，地球温暖化が進んでいると考えられているのです。

5-2 IPCC とは

深刻で対応が急務とされる地球環境問題である地球温暖化については，世界規模で検討する機関が作られています。それが IPCC（International Panel on Climate Change）です。日本語に訳すと，気候変動に関する政府間パネルということになります。IPCC は人為起源，すなわち私たち人間の活動によって起こる気候の変化や影響に対する適応や緩和方策に関して，包括的な評価を行うため，国連環境計画（UNEP）と世界気象機関（WMO）が 1988 年に設立した機関です。5 ～ 6 年ごとに，その間の気候変動に関する評価を行い，評価報告書にまとめて公表しています。

1988 年に IPCC が設立された後，第 1 次報告は 1990 年に行われました。その時は，人間活動が及ぼす温暖化への影響は，気温上昇を生じさせるだろうというような比較的やわらかい表現が使われました。当時は，地球温暖化が太古からくり返してきた地球の高温期と寒冷期のサイクルの中の一つであるといった考え方がまだ強く存在し，人間活動がどれほど地球温暖化に影響しているかについての検討も十分とは言えなかったため，このような表現になったと考えられています。その後の報告書では，この年（1990 年）が基準となって，さまざま検討が行われてきています。

1995 年に第 2 次報告書が発行され，21 世紀に入って初めての報告書，すなわち 2001 年の第 3 次報告書では，今世紀末（2100 年）には地球の平均気温は最大で 5.8℃上昇するだろうという報告がなされています。人間活動が及ぼす温暖化への影響も，可能性が高いという，やや強めの表現に変わってきていました。さらに 2007 年に出された第 4 次報告書では，今世紀末に地球の平均気温は最大で 6.4℃上昇するであろうという予測が示されました。また，地球温暖化が人間活動に及ぼす影響も，可能性が非常に高いという，より強い表現となっています。その後 2013 年には第 5 次報告書が出されていますが，その中では第 4 次報告書より若干予測が抑えめとなり，今世紀末には地球の平均気温は最大で 4.8℃上昇するであろうという予測となっています。それでも，今世紀末には地球の平均気温が最大 5℃近く上がる可能性があるということになります。また，第 5 次報告書では人間活動が地球温暖化に及ぼす影響は可能性が極めて高いという，非常に強い表現が使われました。

ところで，報告書は 5 年か 6 年ごとに発表されており，第 5 次の報告書が出されたのが 2013

年であるため，そろそろ第 6 次報告書が発表されてもよい時期となっています。実際，第 6 次報告書は現在まとめられつつあります。報告書のアウトラインが 2020 年 2 月の IPCC 第 52 回総会で承認されており，今後，2021 年中に各作業部会の報告書が公表され，2022 年 4 月に最終的な統合報告書が発表される予定となっています。

5-3 世界における温暖化の現状

ここでは，現時点の最新版である IPCC の第 5 次報告書に基づいた，現在までに起こっている温暖化について，地球全体の状況を見ていきましょう。

第 5 次報告書では人間活動による地球温暖化には疑う余地がないという表現がとられています。1950 年代以降観測された変化の多くは過去数千年にわたり前例のないものであり，過去の地球の高温寒冷の周期的変化の一部では説明できないものであるとされています。1980 年以降，10 年ごとの平均をとると，地表の気温は 1850 年以降のどの 10 年間よりも高温であり，それもこれまでにない温度上昇を示しています（図 5-3）。また，北半球では 1983 年から 2012 年は過去 1400 年において最も高温の 30 年間であった可能性が高いと報告されています。

温暖化は海においても起こっています。1971 年から 2010 年において，海洋表層（0 ～ 700 m）の温度が上昇したことはほぼ確実であるといわれています。北極域の夏期の海氷面積は減少方向となっており，今世紀中に北極海で夏に海氷が見られなくなる可能性も示唆されています。

また，北極域，南極域では，温暖化の影響として，氷河や氷床が縮小し続けています。氷河や氷床から溶け出した水や，温暖化による液体の膨張作用により，世界の平均海面水位は上昇し続け，1901 年から 2010 年までに約 0.19m 上昇しています。海面水位の上昇により，砂浜が減少するといった被害のみならず，国土が海面下に沈んでしまう危機にさらされている国も出てきています。

IPCC の第 5 次報告書では大気中の温室効果ガス，すなわち二酸化炭素やメタン，一酸化二窒

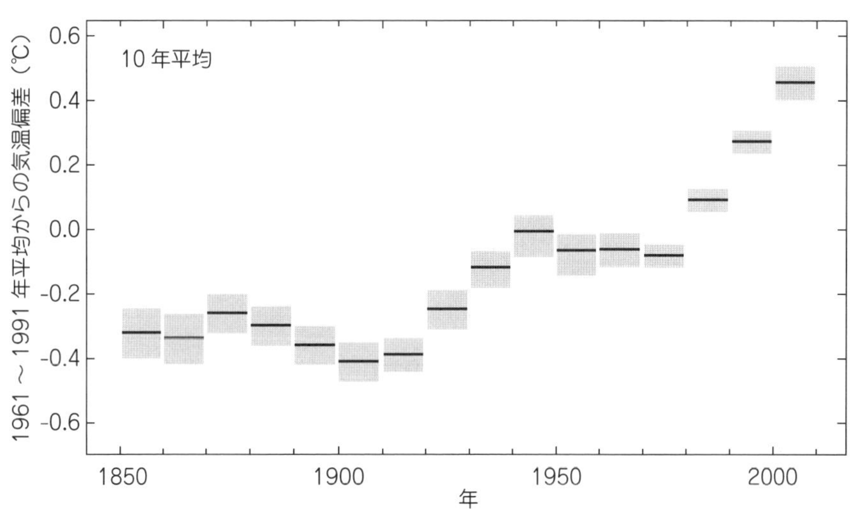

図 5-3　観測された世界平均地上気温

気象庁 HP　IPCC 第 5 次評価報告書，第 1 作業部会報告書，政策決定者向け要約をもとに作成。

素の濃度は，少なくとも過去 80 万年間で前例のない水準にまで増加していると報告しています。二酸化炭素濃度は，化石燃料からの排出，土地利用変化による排出によって，工業化以前より 40% 増加したとされています。図 5-1 でも示したように，これまで二酸化炭素は森林の他に海が吸収してくれていました。海は人為起源の二酸化炭素の約 30% を吸収していると考えられています。しかし近年，海は二酸化炭素を吸収することによって，海洋酸性化という状況を引き起こしています。二酸化炭素は水に溶けると弱酸性になるため，海水に二酸化炭素が溶け込むことにより，海の pH が酸性寄りになってしまっているのです（図 5-4）。図 5-4 を見ると，近年，二酸化炭素の濃度（分圧）が上がるにつれ，海の pH は下がってきていることがわかります。海水はもともと pH8.2 程度の弱アルカリ性ですが，二酸化炭素濃度の上昇につれて次第に pH が下がるという現象が起こっているのです。このまま海洋酸性化が進むと，今世紀末頃には海水の pH は 8 を割ってしまうのではないかと考えられています。pH が 0.1 か 0.2 変わるだけに見えますが，pH は対数を使用している数値のため，値が 0.1 変わることは非常に大きな変化になります。なお，pH については第 6 章で，海が抱える環境問題については温暖化の問題も含め第 7 章で，それぞれ詳しく説明します。

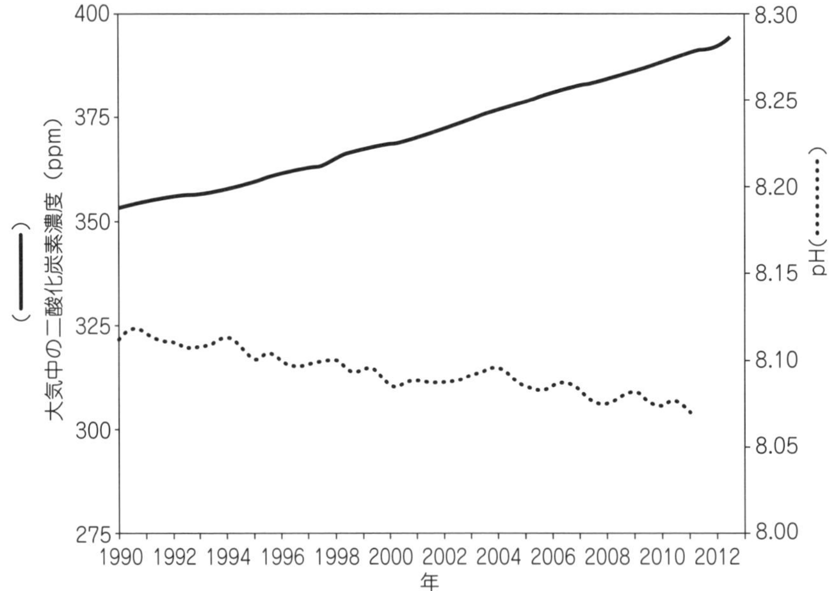

図 5-4　北太平洋における大気中の二酸化炭素濃度と海洋表面 pH の経年変化

1990 ～ 2011 年の期間にマウナロア観測所で観測された大気中の二酸化炭素の濃度（ppm）（――）と，ハワイ北の亜熱帯北太平洋のアロハ観測点で観測された海洋表面 pH（••••••）の経年変化（Doney et al., 2009 による）。
気象庁 HP　IPCC 第 5 次評価報告書，第 1 作業部会報告書，FAQ3.3 をもとに作成。

5-4　日本における温暖化の現状

ここでは，温暖化の影響としてこれまでに日本で起こっている問題を説明します。

日本の平均気温は 1898 年（明治 31）年以降，100 年あたりおよそ 1.1℃の割合で上昇してきていることが報告されていますが，1990 年代以降は高温となる年が頻繁に出現していることがわかっています（図 5-5）。

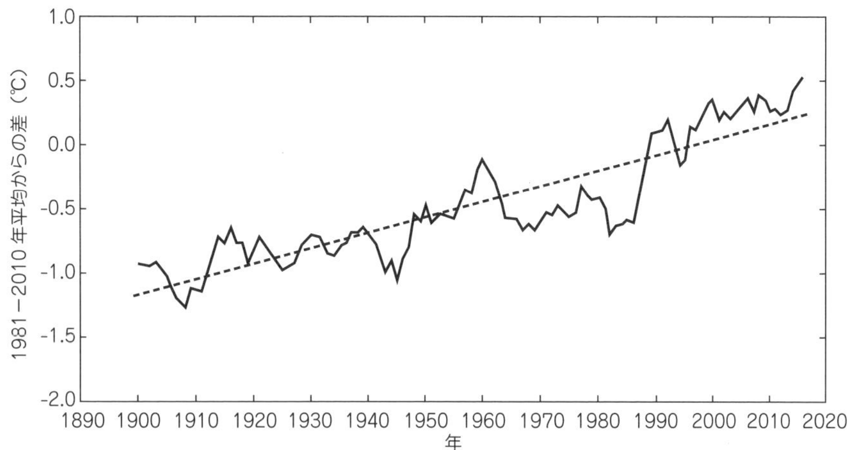

図 5-5　日本の平均気温の変化

都市化の気温への影響が比較的少ない 15 地点のデータをもとに，日本の平均気温の平年差（1981 年から 2010 年までの平均値からの差）の変化を求めた。長期的な変化を見やすくするために，5 年の移動平均処理（ある年を中心とする連続する 5 年の平均値をその年の値とする）を行った。

気象庁 HP　知識・解説，地球温暖化，日本の気候の変化をもとに作成。

また，気温だけでなく日本近海の海面水温も上昇していることがわかっています。日本近海における 2017 年までの 100 年間の海面水温の上昇率は 1.11℃ /100 年となっており，気温の上昇率とほぼ同程度となっています。この日本近海の海面水温上昇の数値は，世界全体で平均した海面水温の上昇率（0.54℃ /100 年）よりも大きな値となっており，特に日本海での上昇率が高いことがわかっています。日本海は大陸と日本に挟まれた大きな湖のような状態になっているので，水温が上がりやすい傾向があるのではないかと考えられています。

さて，海から陸に話を戻しましょう。近年，地球温暖化で気温が上昇しており，上述したように日本でもその傾向がみられています。気温の高さを示す指標の一つに，猛暑日があります。猛暑日とは，最高気温が 35℃以上になる日のことを言いますが，1931 年からの猛暑日の日数をみると，右肩上がりで増えています。例えば東京における年間の猛暑日日数は，1930 年代は平均約 1 日でしたが 2010 年代の平均では約 8 日と大幅に増加しています。ちなみに，猛暑日という気象用語は 2007 年 4 月 1 日に加えられた気象用語で，それまでは気象用語として猛暑日という用語はありませんでした。最高気温が 30℃以上になる日に対して真夏日という用語が使われていますが，35℃超える日が頻発するようになって，新たな用語を作る必要に迫られたと言えます。このことは，日本が，さらには世界が，近年地球温暖化による気温上昇に見舞われていることを表す例の一つだといえるでしょう。

日中の気温が高いということは，当然夜間に気温が下がらないということになります。日本では最低気温が 25℃以上の熱帯夜の日数も増加傾向にあります。東京における年間の熱帯夜は平均すると 1930 年代は約 7 日でしたが，2010 年代は約 35 日に大きく増加しています。

さらに，夏に猛暑日や熱帯夜が増えているということは，冬が暖かくなっているということが予想されます。最低気温が 0℃未満の日を冬日とよびますが，東京における年間の冬日の日数は，1930 年代は約 51 日でしたが，2010 年代は約 8 日となり，大きく減少していることがわかります。冬の朝，水たまりに氷が張っているような寒い日は急激に減ってきているということになるのです。

気象の面では，さらに温暖化による変化が報告されています。近年，熱帯地方のスコールのような非常に強い雨が短時間に集中して降るゲリラ豪雨とよばれる雨の降り方が見られるようになっています。実際に，アメダスで観測された 1 時間降水量 50 mm 以上の，いわゆるバケツをひっくり返したような短時間強雨は，最近では観測地点 1300 地点あたり年間約 330 回程度発生しており，ここ 40 年間の平均をとると 10 年ごとに約 29 回の割合で増加しています。さらに，短時間の強雨だけではなく，雨が降り続いて 1 日の降水量が 400 mm を超えるような大雨の発生日数も増加傾向にあります。第 2 章で東京の年降水量が約 1500 mm であると説明しましたが，1 日の降水量が 400 mm を超えるということは，たった 4 日で東京での 1 年分の雨が降ってしまうことになるのです。

さらに，生物の変化にも目を向けてみましょう。

日本では春になると桜（ソメイヨシノ）が咲き，桜前線と呼ばれる開花ラインが次第に北上していきます。このソメイヨシノの開花ラインが，温暖化によって早まっていることが報告されています。実際に，東京などでは，従来の 4 月ではなく 3 月中に開花することが多くなりました。植物は自分では移動できないため，温暖化によって開花や結実の時期が変わってしまうのです。

動物についても，サンゴの白化など，温暖化の影響が報告されています。サンゴは腔腸動物とよばれる動物ですが，造礁サンゴと呼ばれるサンゴは，体内に褐虫藻という藻類を共生させています。造礁サンゴは炭酸カルシウムでできたほぼ白色の骨格からできていますが，共生する褐虫藻の色によってさまざまな色がついているのです。サンゴは，自身が餌を採ることによって得る栄養分だけでなく，こうした褐虫藻が光合成によって生成する物質を頼りに生息しています。しかし，海水温の上昇が起こると，共生していた褐虫藻はサンゴから逃げ出してしまい，白化が起こります。海水温の上昇が続くと，褐虫藻はサンゴに戻れないままになり，サンゴは栄養不足となって，最終的には死滅していくことになるのです。こうしたサンゴの白化が，近年，特に沖縄の石垣島と西表島の周辺に広がる石西礁湖（せきせいしょうこ）と呼ばれる地域で数年の周期で見られるようになり，詳細な調査やサンゴ再生の取り組みなどが続けられています。

さらに私たち人間に目をむけると，これまでは熱帯地方でしか見られなかったような感染症が日本やその周辺の地域でも発生するようになってきています。例えば，2014 年に，日本でデング熱と呼ばれる感染症が発生したというニュースが報じられました。デング熱はネッタイシマカと呼ばれる蚊が媒介する感染症で，熱帯や亜熱帯地方で流行する感染症です。しかし，地球温暖化によりネッタイシマカの生息地域が拡大傾向にあります。こうした感染症とその流行の拡大については，第 10 章で詳しく説明します。

他にも，上述したように，ゲリラ豪雨と言われるような短時間の激しい雨や，1 日にまとまって降る大雨が増えており，結果として洪水や河川の決壊といったような災害も頻発しています。こうした災害の多くは温暖化による気候変動が原因となっていると考えられています。さらに，日本では，近年襲来する台風の勢力が大型化するなど，異常気象が頻発していることも報告されています。

5-5 地球温暖化の将来予測

これまで，主に地球温暖化が起こるしくみや，温暖化の現状について述べてきました。　二酸化炭素をはじめとする温室効果ガスの放出は，世界中で未だに続いており，地球温暖化はこれからも進んで行くことが予想されています。その結果として，地球の環境はこれからどうなっていくのでしょうか。
ここでは，地球温暖化が今後どうなっていくのかという点に注目して，説明していきます。

5-5-1　RCP シナリオ

これまで何度も述べてきたように，大気の中の二酸化炭素の濃度は長い間 280 ～ 290 ppm（約 0.03% 程度）でほぼ一定に保たれてきました。地球の歴史の中では，温暖な時期や寒冷な時期が交互に現れるという周期的な変化が見られていましたが，大気中の二酸化炭素濃度が増えて温暖であった時期でも二酸化炭素濃度が 0.03% を超えることはなかったと考えられています。しかし，第 4 章で述べたように，人間活動により，20 世紀初頭以降に二酸化炭素濃度は急激な上昇に転じ，現在，大気中の二酸化炭素濃度は 400 ppm（0.04%）を超え，さらに増え続けています。

5-3 で述べたように，IPCC の第 5 次報告書によると，地球の気候システムの温暖化には疑う余地がなく，現在地球で見られている変化の多くは，これまで前例のないものである，とされています。さらに，温暖化の原因となる大気中の二酸化炭素やメタン，一酸化二窒素のような温室効果ガスの濃度は，今も増加が続いています。特に，二酸化炭素濃度は，化石燃料からの排出，森林が畑になるといったような土地利用変化による排出などにより，産業革命以前より 40% も増加していると報告されています。一方で，人間活動によって発生した二酸化炭素の約 30% を吸収している海では，海洋酸性化が進んでしまっています。

こうした状況が続いていくと，今後地球環境はどうなっていくのでしょうか。IPCC の第 5 次報告書では，今見られている地球温暖化は私たち人間の活動が非常に大きな要因であるということを踏まえ，今後の予測をし，RCP シナリオというシナリオを提示しています。

シナリオは，人間がこれから温暖化対策をどの程度行っていくかによって，４つのシナリオに分けられています（表 5-2）。４つのシナリオ全体を眺めると，今世紀末までの世界平均気温の変化は，最低でも 0.3℃，最大では 4. 8 ℃の範囲の中に収まっていくであろうこと，また，海面水位の上昇は 0.26 ～ 0.82 mの範囲となる可能性が高いことが示されています。

表 5-2　IPCC による 21 世紀末の世界平均地上気温の予測

シナリオ名称	温暖化対策	平均（℃）	可能性が高い予想幅（℃）
RCP8.5	対策なし	+3.7	+2.6 ～ +4.8
RCP6.0	少	+2.2	+1.4 ～ +3.1
RCP4.5	中	+1.8	+1.1 ～ +2.6
RCP2.6	最大	+1.0	+0.3 ～ +1.7

（1986 ～ 2005 年を基準とする）

4つのシナリオのうち，最も厳しいもの，すなわち私たち人間が，これからも温暖化対策をとらないまま活動していくと仮定したものがRCP 8.5というシナリオです。このシナリオでは，今世紀末の世界平均の気温は今よりも2.6℃～4.8℃上昇するであろうと想定されています。一方，温暖化対策が少しだけとられた場合のシナリオ，中程度行われた場合のシナリオは，それぞれ，RCP 6.0，RCP 4.5というものです。そして私たちが最大限温暖化対策を行った場合が，RCP 2.6というシナリオになります。しかし，私たちが最大限温暖化対策を行なったと仮定したRCP 2.6というシナリオであっても，今世紀末に地球の気温は0.3～1.7℃上昇すると予想されています。いずれにしても，気候変動を抑制していくためには，私たちが温室効果ガス排出量を最大限努力して持続的に削減していくことが急務であると言えるのです。

5-5-2　気温上昇1.5℃超えの警鐘

IPCCはこれまで数年ごとに報告書を出しているいるという話をしてきましたが，報告書を出す間の期間には，個別の案件について折々に特別報告書を出しています。そのうちの一つ，2018年の10月にまとめられたIPCCの特別報告書（1.5℃特別報告書）は，産業革命以降の世界の平均気温の上昇を1.5℃未満に抑えないと異常気象や自然災害が深刻化するという警鐘を鳴らしています。しかし，産業革命（18世紀後半から19世紀）の頃の気温に比べると，現時点で世界の気温は既にもう1℃上昇してしまっています。そのため，今後地球の気温の上昇を0.5℃までに抑えないと，世界中が異常気象や自然災害に見舞われてしまうということになりますが，現在のペースで地球温暖化が進むと2030～2052年の間に1.5℃を超えてしまいます。

では，地球の平均気温が産業革命前に比べて1.5℃を超えて上昇すると，どんな事態が起こるのでしょうか。1.5℃上昇した場合と，（たった0.5℃の違いですが）2℃上昇した場合の影響の例をまとめたのが表5-3です。例えば熱波に見舞われる世界人口は，0.5℃違うだけで2倍以上になります。海面上昇は1.5℃の時に比べ2℃になるとさらに10 cm高くなり，海面上昇などによる洪水あるいは台風の巨大化などによる洪水のリスクにさらされる人口は2.7倍となってしまいます。サンゴは，2℃の上昇では現在の生息域でほぼ全滅すると考えられています。これまでにも地球温暖化が進むと北極の海で夏に海氷が消失してしまうかもしれないという話をしましたが，2℃上昇すると，10年に一度，北極海には氷がない夏がやってくることが予想されています。

表5-3　地球の平均気温が産業革命前と比べて1.5℃または2℃上昇した場合の影響例

	＋1.5℃	＋2℃
洪水のリスクにさらされる世界人口 （1976～2005年との比較）	2倍	2.7倍
2100年までの海面上昇 （1986～2005年との比較）	26～77cm	1.5℃に比べてさらに10cm高い （リスクを受ける人口は 最大1000万人増加）
サンゴの生息域	70～90%減少	99%以上が消失
北極圏で夏に海氷が消失する頻度	100年に1度	少なくとも10年に1度
海洋の年間漁獲高	150万トン減少	300万トン減少

環境省IPCC「1.5℃特別報告書」の概要をもとに作成。

こうした環境の変化は，魚の漁獲高などにも影響し，海洋の年間漁獲高の減少は，0.5℃上がるだけで 2 倍になると考えられています。しかし，こうした予測は，地球の平均気温が 1.5℃ないし 2℃上昇した場合の話です。前述のように，IPCC の 5 次報告では，最悪の場合，今世紀末までに世界の平均気温は最大 4.8℃上昇するかもしれないという予想がなされているのです。

平均気温が 4.8℃，約 5℃上がるといわれても，なかなか状況をイメージしにくいと思います。そこで，気温の変化をみなさんが実感できる例で説明しましょう。高い山に登ると涼しくなる（気温が下がる）ことは，みなさんもご存じだと思いますが，垂直に 150m 上昇すると，気温は約 1℃低下します。例えば富士山は標高 3776 m あるので，富士山の山頂の気温は麓よりも約 25℃低いということになります。富士山の初冠雪は平均で 9 月 30 日とされています。その頃，麓の気温はまだ 25℃前後ですが，富士山の山頂付近は 0℃に近い気温となり，雪が解けずに積雪となるのです。次に，山に登るのではなく，水平に移動した場合を考えてみましょう。日本は南北に長い国土を持っており，同じ時期でも北海道と沖縄では気温に大きな違いがあります。水平に移動した場合は，周囲の状況にもよりますが，100 ～ 200km 移動すると気温が約 1℃変化します。すなわち，平均気温が 5℃上がるということは，おおまかな言い方をすると 500 ～ 1000 ㎞南に移動するということに相当するのです。東京を中心に 1000 km の半径で円を描いたのが図 5-6 です。平均気温が 5℃上がるということは，500 ～ 1000 km 南にある場所と同じような気温になるということになりますが，図 5-6 をみると，東京から 500 ～ 1000 km 南にあるのは小笠原諸島です。このまま地球温暖化が進んで今世紀末に 4.8℃近く気温が上がるということは，東京が小笠原のような亜熱帯の気候になるということなのです。こうして考えると平均気温が 5℃上がることが地球環境に及ぼす影響の大きさをイメージできるのではないでしょうか。

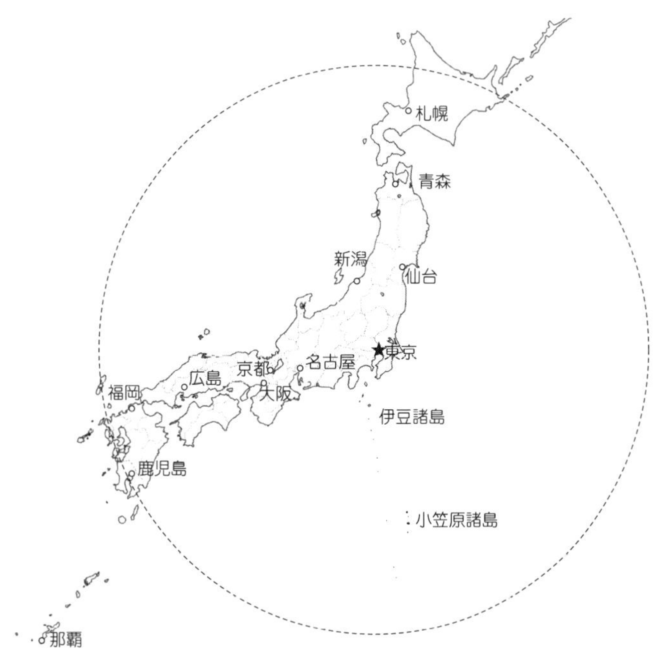

図 5-6　東京から 1000 km の範囲

5-5-3 温暖化の影響の地域差

地球温暖化による気温の変化は地球上で均一に起こることではなく，場所によって違いがあること，つまり，より暑くなるところとそうでもないところが生じることが知られています。具体的には，北半球で温度上昇が高く，特に北極付近は，RCP 2.6 のシナリオであっても 2 ～ 4℃気温が上昇する場所があると予想されています。また，RCP 8.5 の最悪のシナリオの場合，日本でも気温の上昇が強く見られることが予想されています。

また，温暖化により集中豪雨などが増えますが，降水量についても地域差が激しくなる，すなわち，強い雨が大量に降る湿潤地域と雨の降らない乾燥地域，湿潤な気候と乾燥した気候の間での降水量の差が増加する可能性が示唆されています。日本が位置する中緯度の湿潤な地域，及び湿潤な熱帯亜熱帯地域においては，今世紀末までにゲリラ豪雨のような極端な降水が増加すると考えられているのです。

5-5-4 温暖化の海洋への影響

地球温暖化によって陸上の氷が溶けたり海水温上昇によって海水が膨張したりということによって，海面水位の上昇が進むという予想も立てられています。具体的には，RCP 8.5 のシナリオでは今世紀末に最大で 0.82 m，RCP 2.6 のシナリオであっても 0.26 mの海水面の上昇が予想されています。ところで，海水面上昇によって沈んでしまうのはツバルなどのような太平洋の島だけではありません。もし平均海面水位が 1 m 近く上昇してしまうと，東京では東部の江東区，墨田区，江戸川区，葛飾区のほぼ全域が，京阪神では淀川の東側に広がる大阪の中心部，大阪西北部の海に近い地域が広く影響を受けると考えられています。それらの地域ではすぐに海面下に沈むということはなくても，例えば台風や集中豪雨などで浸水被害があった際，なかなか水が引かず，復旧作業が進まないといったような被害が起こるであろうと予想されているのです。

また，二酸化炭素濃度が上がることで海水の pH が低下する海洋酸性化が進み，海洋生物に影響が出ることが予想されています。海水の pH がどの程度まで下がるかについては，RCP2.6 のシナリオで 8.10 ～ 8.05 ぐらいまで，最悪のシナリオ RCP 8.5 の場合は，pH が 7.8 を割り込むくらいまで酸性化が進むだろうと考えられています。海水の pH が下がるということは，二酸化炭素を吸収する能力が低下することとなり，その結果，大気中の二酸化炭素濃度が増加し，温暖化に拍車がかかることになります。一方，海洋生物の中には，サンゴや貝類，プランクトンなど，二酸化炭素から生じた炭酸とカルシウムから作られる炭酸カルシウムの骨格を持つ生物が多数存在しています。この炭酸カルシウムは海水の pH が下がると生成されにくくなり，結果としてサンゴの成長速度が遅くなる，貝が殻を形成できなくなる，といったさまざまな影響が現れてくることが考えられます。海洋酸性化の影響については，第 7 章の海の環境問題でも詳しく説明します。

5-5-5 温暖化のさらなる影響

地球温暖化の影響としては，この他にもさまざまな問題が懸念されています。

まず，気温の上昇により生物の絶滅リスクが上がります。自ら長距離の移動ができる生物は，気温の上昇を回避するために寒い地域に移動することができますが，そうでない多くの生物は限られた生息域で生息しています。温暖化により生息に必要な温度が保てなくなったりすることで，動植物の絶滅リスクが上がると考えられているのです。

他にも，大雨による洪水，逆に雨が降らないことによる干ばつ，高温による熱波など，異常気象が多発することが予想されています。また，熱帯地域に流行が限られていた感染症の感染地域が拡大し，感染症が世界的に蔓延してくる可能性も示唆されています。

一方，気温が上昇することによって作物の収穫量が上がるかというと，そうとは限らず，むしろ収穫量が下がってしまったり，あるいは害虫が大量発生したりするなどの理由で食料不足になることも予想されています。

さらに最近では，新たな脅威として永久凍土の融解という問題が注目され始めています。ロシアやアラスカなどには，永久凍土とよばれ一年を通じてずっと凍結している土壌が存在しています。この永久凍土が地球温暖化により融解することにより，閉じ込められていた微生物がはたらきだし土壌中の有機物を分解し始める結果，二酸化炭素やメタンが新たに大気中に放出されつつあるのです。永久凍土に保持されている炭素，すなわち有機物の量は大気の約 2 倍と言われており，この有機物が二酸化炭素やメタンとして大気中に放出されるということは，地球温暖化を大幅に加速することにつながります。現在のような温暖化の状況が続くと，今世紀末までに永久凍土はほぼすべて融解してしまうであろうという予想が立てられており，地球温暖化による永久凍土の融解がさらに地球温暖化を加速するという悪循環が生じているのです。もう一つの脅威として，永久凍土に閉じ込められている細菌やウイルスが大気中に解き放たれ，新たな感染症を引き起こすという問題です。永久凍土の中にはかつて地球上に存在していた細菌やウイルス，それも，長い間私たちが触れずにいた細菌やウイルスが閉じ込められている可能性があります。そうした細菌やウイルスが永久凍土融解によって地面から解き放たれてくることにより，私たちが長い間感染したことのない細菌やウイルスに感染する危険性が生じているのです。長い間感染していないということは，私たちにはそれらの細菌やウイルスに対する免疫がないということであり，いわゆるパンデミック（10-2 参照）を引き起こす可能性も十分に考えられます。他にも，永久凍土が溶けることによって地盤が柔らかくなって土砂崩れが起こったり，建造物や道路，パイプラインなどが破損したりといった影響もすでに発生し始めています。

5-5-6　日本における温暖化の将来予測

温暖化の影響として，今後日本で起こると予想されている問題にはどんなものがあるでしょうか。

日本の気候の変化について，2100 年には現在よりも平均して気温が 3℃ほど高くなっているのではないかという予想が立てられています。平均気温が 3℃高くなるということは，5-5-2 で説明した水平での移動で考えると，日本全土が 300 ～ 600 ㎞程度南に移動するのと同じ，ということになります。当然ながら，日本各地で気候が変わり，例えば青森ではリンゴが栽培できなくなり，代わりにミカンを栽培するようになるといった，農作物の栽培地域や収穫量などへの影響が予想されています。また，ほとんどの地域で積雪量が減少し，雪は雨となります。降水量が同じであっても，雪は積雪としてとどまり，春の雪解けとともに川の水量を増す効果がありますが，雨はその時に流れて終わってしまいます。日本のコメ作りには春の雪解けによる川の水が大切であるため，積雪が減ることで稲作への影響が懸念されています。

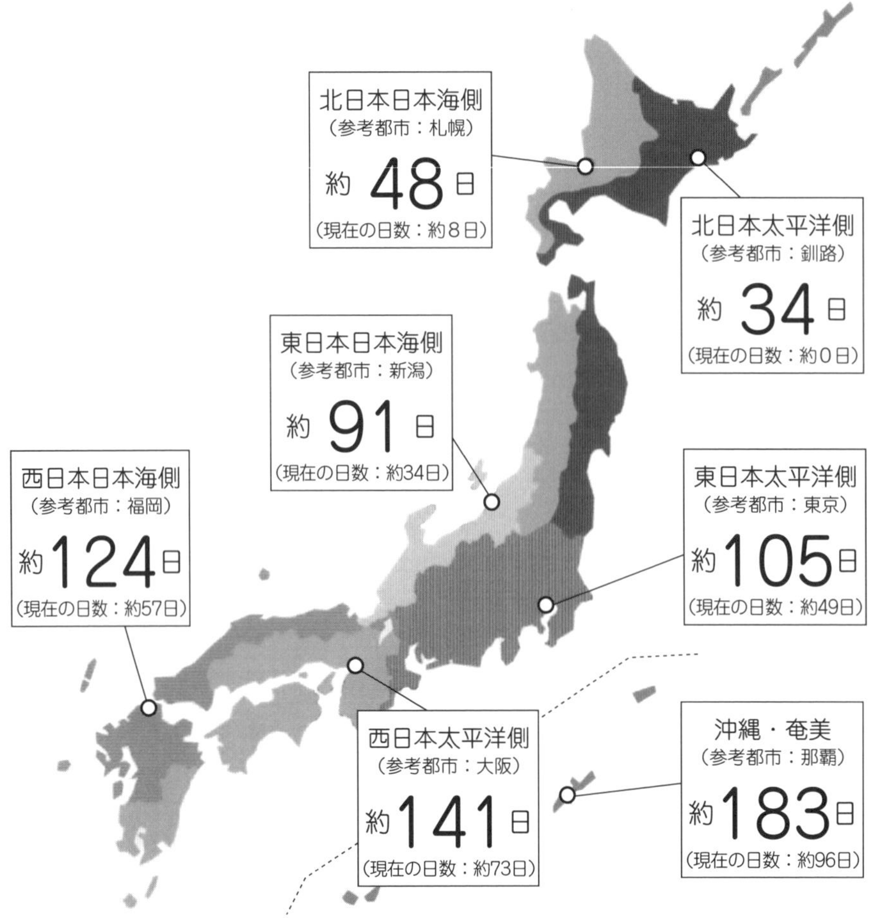

図 5-7 2100 年末における真夏日（最高気温 30℃以上）の年間日数予測
環境省・日本国内における気候変動予測の不確実性を考慮した結果についてをもとに作成。

また，地球温暖化により，これから夏はさらに暑くなり，真夏日や猛暑日の日数が増加すると考えられています。今世紀末の真夏日は，最悪の場合，現在と比べて全国では平均 50 日以上増加するという予想がなされています（図 5-7）。現在，東京付近の真夏日は年間約 49 日（1981 ～ 2010 年平均）ですが，最悪のシナリオ（RCP8.5）では 20 世紀末には平均 105 日，すなわち 7 月～ 9 月だけではなく，6 月や 10 月など，夏以外にも 30℃を超える日が何日もある状況になると予想されています。一方，北海道では現在は夏でも 30℃を超える日はほとんどありません（札幌で平均 8 日）が，最悪のシナリオでは平均 48 日，すなわち現在の東京と同程度の日数の真夏日が訪れるという状況になります。さらに，沖縄奄美地方に至っては，現在の約 2 倍の約 183 日，すなわち一年の半分以上が真夏日になるという予想が立てられているのです。

他にも，生物への影響として，サンゴの白化がさらに進み，サンゴの生息域が非常に狭まることが予想されています。また，植物は自身で移動するということはできないため，樹林帯が大きく影響を受けることが予想され，東北地方に広がっているブナ林をはじめとした夏緑樹林，あるいは北海道などに広がる針葉樹林のような樹林帯は，今後衰退し，より暖かい地域に広がる樹林帯に替わっていくことが予想されています。さらに，温暖化によって台風の勢力が増し，海面上昇の影響とも相まって，沿岸域では海岸の浸食や砂浜の消失あるいは浸水といったような被害が増加することも予想されています。健康面では，真夏日や猛暑日の増加に伴って，熱中症の患者数が増加する，デング熱や日本脳炎，マラリアといったような熱帯地域で流行する感染症が日本でも流行する，といった事態が生じてくると考えられています。

5-6　COP による地球温暖化への対応

これまで述べてきたように，現在，地球温暖化が進行しています。

5-5-2 で述べたように，2018 年の IPCC 1.5℃特別報告書によると，環境への深刻な影響を防ぐためには，地球の気温の上昇を産業革命前に比べて 1.5℃に抑える必要があるとされています。では，これから私たちはどうして行けばよいのでしょうか。

これまで引用してきた温暖化についての報告書を作成している IPCC は，科学者が気候変動の科学的根拠を分析して報告書にする機関です。一方，その報告書を受け実際に各国あるいは国際的な取り組みとしてどのような地球温暖化対策を行うべきかの国際的なルール作りを担うのは，国連気候変動枠組み条約の締結国会議（COP: Conference of Parties）と呼ばれる会議です。国連気候変動枠組み条約は，1992 年にブラジルで開かれた地球サミットで署名が集まり 1994 年に発効し，2020 年末現在，197 の国と地域が加盟しています。

1997 年に京都で開かれた COP 3 では，地球温暖化対策として先進国だけに温室効果ガスの排出削減を義務づける京都議定書が採択され，2005 年に発効しました。しかし，京都議定書は中国やインドのような発展途上の国々には排出削減を義務づけず，先進国だけに削減を課すものであったため，これに反発したアメリカは 2001 年に京都議定書から離脱をしています。このように先進国だけに排出削減が義務づけられたことに反発が上がっていたこともあり，2015 年にパリで開かれた COP21 では全ての国が削減に参加することを義務づけたパリ協定が採択され，翌年発効されました。パリ協定では，産業革命前からの平均気温の上昇を 2℃未満，できれば 1.5℃に抑えるとし，今世紀後半に温室効果ガスの排出量を実質ゼロにすることを決定しています。さらに，その目標を達成するため，すべての国が温室効果ガスの削減目標を提出し，5 年ごとに点検するしくみを設けています。参加国は削減目標を既に提出していますが，現在提出されている目標では，早ければ 2030 年にも平均気温の上昇は 1.5℃を超え，仮に目標を達成したとしても最終的には 3℃以上の上昇になってしまうという見込みとなっています。

現在，世界で最も温室効果ガスの排出量が多い国は中国で，第 2 位がアメリカになっています（図 5-8）。中国，アメリカに次いで国として排出量が多いのは順に，インド，ロシア，その次が日本です。中でも，インドは現在人口が急増しており，中国を抜いて人口が世界第 1 位にならんとしています。現時点では一人当たりの二酸化炭素排出量が少ないですが，今後，中国のような経済発展を遂げると，インドの二酸化炭素放出量が膨大なものになる可能性があります。

中国やインドに比べ，日本は人口が少ないものの一人当たりの二酸化炭素排出量が大きくなっています。では，日本は気候変動に対してどのような対応をしているのでしょうか。

実は日本は京都議定書について，第二約束期間の時に離脱をしています。日本は当初化石燃料依存をやめ原子力発電に切り替えることによって二酸化炭素の排出量を抑えるという方向で対策

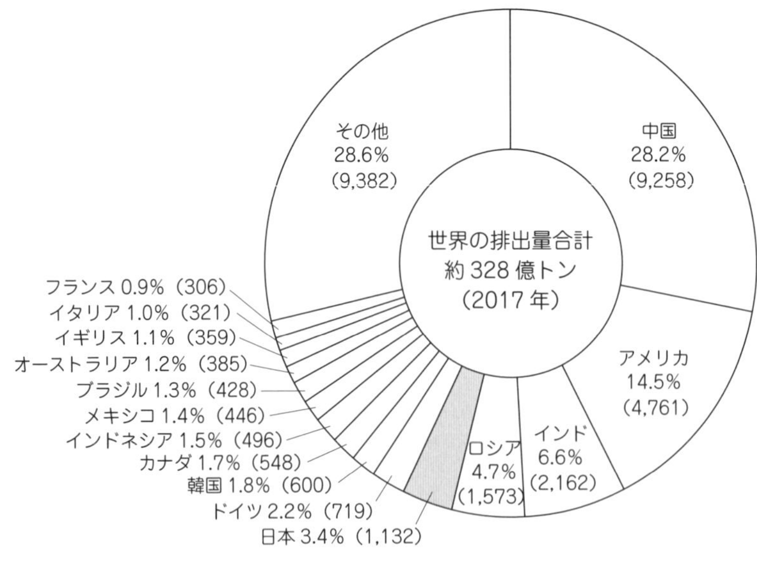

図 5-8　世界の国別二酸化炭素排出量

（　　）内，排出量単位 100 万 t-エネルギー起源 CO_2

環境省・日本国内における気候変動予測の不確実性を考慮した結果についてをもとに作成。

を進め, 2010 年頃にかけて温室効果ガス排出量, 特に二酸化炭素を減少させてきました。しかし, 2011 年の東日本大震災で福島第一原子力発電所が事故を起こしたことをきっかけに原子力発電を停止し，再び火力発電によるエネルギー供給に切り替えたため，二酸化炭素の排出量は増加してしまっているのです。現在は少しその状態が落ち着いてきてはいますが，それでもやはり二酸化炭素を含めた温室効果ガスの排出量はまだまだ多いという状況にあります。また，二酸化炭素排出量の内訳をみると，産業界の努力によって産業部門での二酸化炭素排出量は減ってきている一方で，家庭部門で右肩上がりの傾向が見られています。つまり私たちの生活が豊かになることによって，家庭での電気などの消費が増え二酸化炭素の排出量が多くなっているというのが現状なのです。日本では前述したように東日本大震災を機に原子力発電から火力発電への切り替えが起こり，さらにその中でも石炭を用いた火力発電を電力の安定供給法の一つと位置付けてきており，現在でも石炭火力発電所の新増設計画が進められています。しかし，石炭は化石燃料の中でも特に二酸化炭素を多量に排出します。2019 年 12 月に行われた COP25 では，日本は国際環境 NGO から不名誉な化石賞を贈呈され，早急に石炭に頼る発電から脱却していく必要に迫られました。2020 年 12 月に政府は, 2050 年までに二酸化炭素の排出を実質ゼロにするカーボンニュートラル，脱炭素社会の実現を目指す，という政策目標を宣言しました。今後この目標にむけて，さまざまな対策がとられていくことになります。

5-7　地球温暖化への適応策

地球温暖化に対応するためには，もちろん，どうやって温暖化を食い止めるか，ということが最も重要ですが，温暖化はすでに進んでしまっており，さまざまな影響も出始めています。そうなると，温暖化そのものを食い止める防止策だけではなく，温暖化の影響による被害をいかに最小限に抑えるかという適応策も検討していく必要があります。最後にこの適応策について紹介し

表 5-4　日本における気候変動への適応策の例

農林水産業	高温に適応する品種の開発 栽培する農作物の転換
治水・災害対策	下水処理機能の向上 雨水の一次貯蔵施設の設置 ハザードマップの作成
都市計画・まちづくり	屋上緑化・壁面緑化 風の流れを考えたまちづくり 歩道や舗装の透水対策
健康	熱帯性の感染症についての予防・啓発
自然	生態系の変化の調査・対策

ます（表 5-4）。

例えば，地球温暖化によって栽培できる作物が変わってくる場合，温暖化に対応した農作物の開発が必要になり，栽培する農作物の転換も必要となってくるでしょう。例えば，日本でリンゴの産地というと，青森県や長野県などが連想されます。こうした地域は，現在はリンゴの生育に適した涼しい気候ですが，5-5-6 でも述べたように温暖化が進むと今世紀末には青森でリンゴが栽培できなくなるといった予想も立てられています。そのため青森県ではリンゴ栽培農家が一部をモモに転換する，あるいは長野県では気温が高くても実るようなリンゴを導入するといった適応策が始まっています。また千葉県などでは南国の果物というイメージのあるパッションフルーツを栽培する取り組みなども進められています。

農林水産業の対応だけでなく，温暖化の影響に対する被害を最小限に食い止める適応策は他にもいろいろ考えられています。例えば集中豪雨などへの対応として，雨水が多量に流れこむ想定で，下水処理機能を上げる，地下に雨水の一次貯蔵施設を設置する，巨大台風や集中豪雨の災害が起こった時のハザードマップを作り，避難行動計画を策定し事前に避難行動を促す，といった取り組みなどが行われています。また，温暖化が進む中で都市を緑化する，まちの再開発により風の流れを作り，ヒートアイランドも伴って引き起こされる都市部の気温上昇の抑制をはかる，といった取り組みも行われています。

このように，温暖化防止策の他に，すでに進んでしまっている温暖化に対して被害を最小限に食い止めるための適応策についても，これから私たちは色々考えていく必要があると言えるでしょう。

＜参考文献・参考サイト＞

気象庁　IPCC（気候変動に関する政府間パネル）
http://www.data.jma.go.jp/cpdinfo/ipcc/index.html

全国地球温暖化防止活動推進センター（JCCCA）　IPCC 第 5 次評価報告書特設ページ
https://www.jccca.org/ipcc/about/index.html

気象庁　地球温暖化情報ポータルサイト
https://www.data.jma.go.jp/cpdinfo/index_temp.html

気象庁　WMO 温室効果ガス年報 16 号

https://www.data.jma.go.jp/gmd/env/info/wdcgg/GHG_Bulletin-16_j.pdf
国際海洋環境情報センター　サンゴ礁研究
http://www.godac.jp/we/kenkyu.html
環境省　IPCC「1.5℃特別報告書」の概要　2019 年 7 月版
http://www.env.go.jp/earth/ipcc/6th/ar6_sr1.5_overview_presentation.pdf
環境省　2050 年カーボンニュートラルの実現に向けて
http://www.env.go.jp/earth/2050carbon_neutral.html
経済産業省　2050 年カーボンニュートラルに伴うグリーン成長戦略　令和 2 年 12 月
https://www.meti.go.jp/press/2020/12/20201225012/20201225012-1.pdf
https://www.meti.go.jp/press/2020/12/20201225012/20201225012-2.pdf
「地球に住めなくなる日：『気候崩壊』の避けられない真実」 デイビッド・ウォレス・ウェルズ著 藤井留美 訳　NHK 出版（2020）
「生命と環境」，林要喜知 他編者，三共出版（2011）

6 水をめぐる環境問題

私たち人間をはじめ，生物は水なしには生きていけません。そこで，この章では，地球の水環境に注目していきたいと思います。

6-1 地球の水事情

私たちが日常で使っている水は，大きく分けると，農業用水と工業用水，生活用水に分けることができます。農業用水は世界で使用される水の中で最も多く，灌漑(かんがい)農業で使われています。灌漑農業とは，用水路やため池などを作ることによって農地に人工的に水を供給して行う農業のことで，日本の農業はほぼ灌漑農業であると言えます。一方，雨が大量に降る熱帯などでは，人工的に水を供給せずにそのまま作物を育てている地域もあり，そのような地域では農業用水は必要ありません。農業用水は，使われた後は農業排水として川などに流されています。工業用水は農業用水の次に世界で使われている水で，使われた後は工業排水として排出されます。さらに，私たちが毎日の生活の中で使っている水は生活用水と言われ，使われた後は生活排水となって川などに流されることになります。

私たちは，このようにいろいろな形で水を使用しています。

ところで日本では水は水道をひねると出てくるものと考えている人が多いかもしれませんが，地球全体で考えると私たちが使っている水（淡水）は非常に貴重なものです。

地球は地表の７割に海が広がっていて，水が豊かな星というイメージがありますが，海水は私たちが直接飲んだり，農業に使用したりすることはできない水です。私たちが使っている水，すなわち淡水は，地球上の水のたった 2.5% にすぎません（図 6-1）。さらに淡水（2.5%）の内訳を

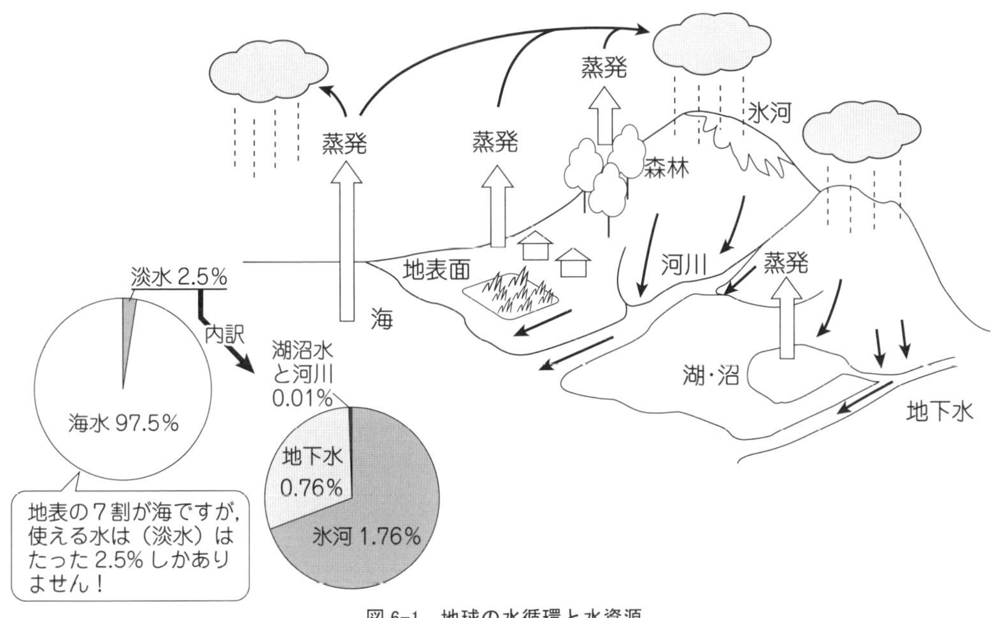

図 6-1　地球の水循環と水資源

みると，氷河として凍っているものが 1.76%，地下水が 0.76% であり，私たちがすぐに水道などに使える湖沼や河川などに存在する水はたった 0.01% です。私たちはこの貴重な淡水を，農業や工業そして生活に使用しているということになるのです。

6-2 日本の水事情

次に，日本の水事情を考えてみましょう。

日本は比較的降水量が多く，日本全体の年平均降水量は約 1750 mm となっています。しかし，降り注いだ雨はそのまますべて利用可能なわけではありません。例えば台風などの際に降った雨は湖沼や河川にとどまることなく洪水などで流失してしまいますし，蒸発によって失われる水もあります（図 6-1）。それらを差し引くと，私たちが日本で利用可能な水は降水量の約 1/3 以下となってしまうのです。

日本の降水量は，世界と比較してみると世界平均の約 1.4 倍となります（図 6-2）。ところが，一人当たりが使える降水量の総量を見ると，実は日本は世界平均の約 1/4 しかありません。人口が多い，湖沼や河川に溜まっている水の量が少ない，といった理由で，一人当たりが使える水が足りなくなっている状況を水ストレスとよびますが，日本でも水ストレスが高い地域があります。日本で一人当たりが使える水の量をみると，関東地方の臨海部（東京，千葉，神奈川など）はその量が非常に少なくなっています。また，同じく大都市を抱える近畿圏なども臨海部で使える水の量が少なくなっています。

一方，日本の年降水量については，長期変動傾向はみられないものの，1970 年代以降は年ごとの変動が大きいという傾向がみられています（図 6-3）。すなわち降水量が多い年と少ない年がはっきりしてきているということになるため，今後，降水量が少ない年は臨海部などの大都市

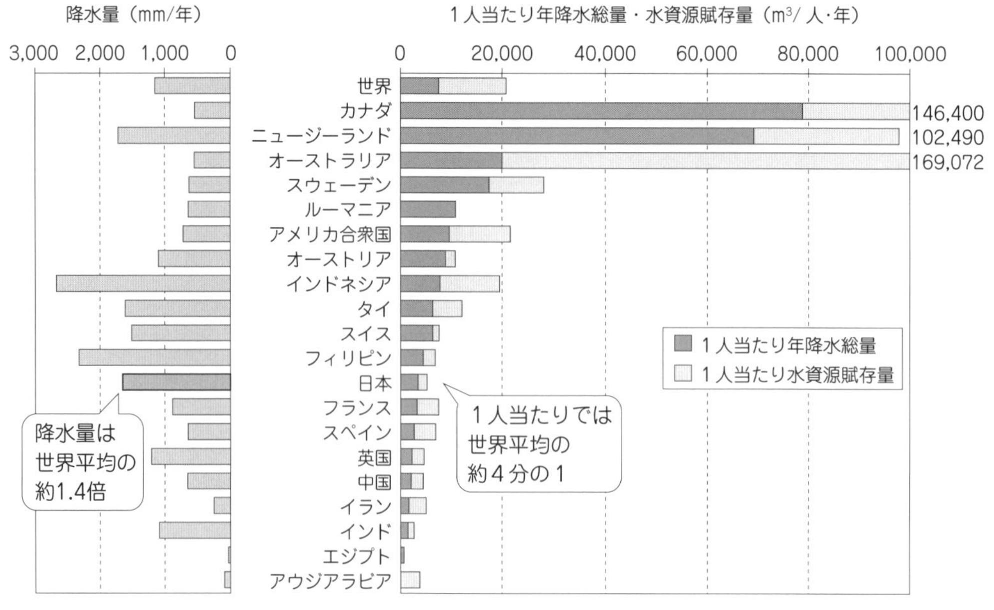

図 6-2　世界各国の降水量など

国土交通省，令和 2 年度版　日本の水資源の現況をもとに作成。

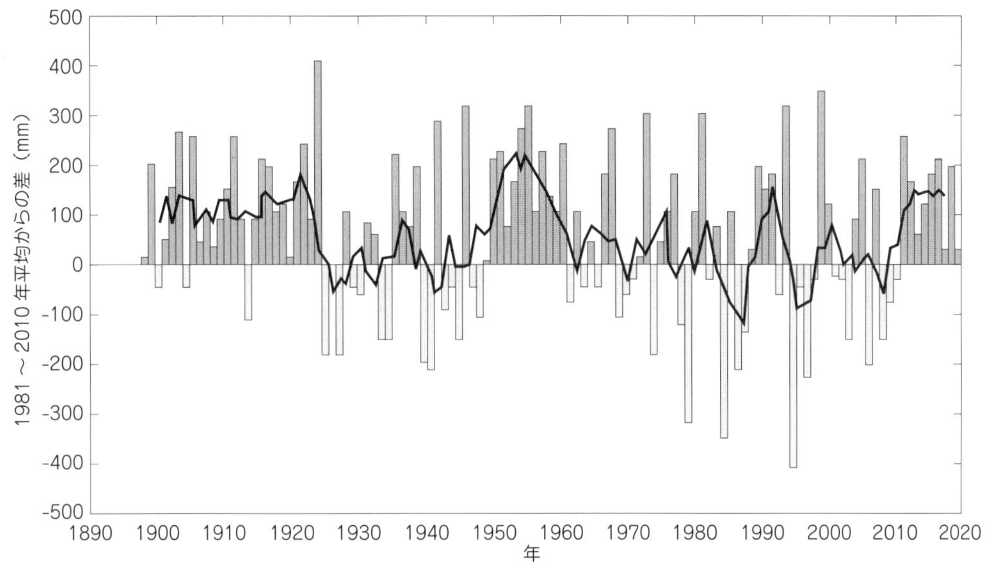

図 6-3　日本の年降水量偏差の経年変化（1898 ～ 2019 年）

国土交通省，令和 2 年度版　日本の水資源の現況をもとに作成。

で水不足になるかもしれません。

さらに，温暖化の影響もあり，日本全国で積雪量の減少傾向がみられています。雪でも雨でも降水量としては変わりませんが，5-5-6 でも述べたように雪は雨と違ってすぐに流出せず山などに積雪として残り，雪解け水として徐々に河川やダムに流れ込みます。小雪化が進み，さらに温暖化によって融雪の時期が早期化すると，水利用，具体的には稲作での水利用に影響が出る可能性があります。稲作では通常，冬の間は田んぼに水を入れておらず，5 ～ 6 月になると水をはり，田植え前に田んぼを平らにならす代掻き（しろかき）という作業を行います。代掻きはイネがよく育つための大事な作業ですが，この代掻きを行う際には大量の水を使用します。これまでは，日本ではちょうどその時期に雪解け水が川に流れ込むため，その水を使って代掻きを行っていましたが，温暖化による小雪化と融雪の早期化により，将来，この代掻きのための水が不足する可能性があるのです。また，従来は雪解けにより春からダムに徐々に溜まっていた水が，冬場に雨として降ることにより春から夏まで長く貯水しておくことができず，夏場の水不足を招く可能性も懸念されています。

ここまで述べてきたように，日本は水の豊かな国だと考えられていますが，実際には今後，日本でも地域や季節などにより深刻な水不足に直面することがあるかもしれないのです。

6-3　地下水

6-1 で述べたように，雨は湖沼や河川に流れ込むものの他に，一部は地下に浸透して地下水となります。地下水の特徴として，対流時間が長いということが挙げられます。例えば，河川の水は雨として降った後，13 日間（約 2 週間）で海に流れ込み，淡水としては使用できなくなります。一方，地下水は平均で 830 年もの間，地下に滞留し，私たちが淡水として利用できる可能性を残しているのです。

地下水の種類には大きく分けて被圧地下水と不圧地下水の2種類があります。被圧地下水は上下を難透水層とよばれる水を通しにくい層で挟まれた状態の地下水です。圧力がかかった地下水のため，圧力が大きい場合は湧水として湧き出ることもあります。一方，不圧地下水は上部に難透水層がない地下水です。地表からの降雨や河川からの浸水が主となる地下水で，季節によって水位が変わることがあります。

地下水というと，あまり馴染みがないと感じるかもしれませんが，例えば東京都内でも，地下水は現在も利用されています。50年ほど前からの東京の地下水の利用状況をみると，地下水の利用量は全体として減ってきてはいるものの，上水道（水道水）として利用されている地下水の量はこの50年間ほぼ変わっていません。また，地下深くにある地下水は地熱で温められ，いわゆる温泉として利用されることもあります。

地下水には，いろいろな利点があります（表6-1)。一つ目は，地下水の水温が一年を通じてほぼ一定で安定しているという点です。比較的地表に近いところにあり水道水として利用されている地下水（不圧地下水）は，日本では年平均水温が12～15℃くらいとなっています。一年を通して温度がほぼ一定なので，夏は冷たく冬は暖かい水が得られるということになります。利点の二つ目は，水質が良好で安定しているということです。地下水は地下に浸透していく際に浄化され，わずかに炭酸ガスが，また適度にミネラルが溶け込んで水質が良好な状態で安定します。三つ目の利点は，水量が安定しているということです。河川や湖沼など地表に存在する水は，環境や雨など天候の影響を受けやすいのですが，地下水は地下深いところに滞留しているためそうした影響を受けにくいという特徴があります。その結果，取水量の変動が少なくなります。

表6-1 地下水の主な利点

水温が安定	不圧地下水：日本では12～15℃ 被圧地下水：深さを増すごとに水温上昇
水質が安定	土壌中で浄化され，適度にミネラルなどが溶け込む
取水量が安定	地表水に比べ，環境や天候の影響を受けにくい

一方，地下水を利用する際には，過度の取水は避ける必要があります。過度の取水は，地盤沈下などの被害を引き起こすこともあり得るからです。また，通常地下水の水質は安定していますが，私たちが使用した農薬や産業廃棄物などに由来する水溶性の汚染物質が雨水に溶け込み地下に浸透し，最終的に地下水（特に不圧地下水）に混入することもあります。地下水の利用にあたっては，こうした点に十分配慮する必要があるのです。

6-4 水質汚濁・富栄養化

地下水には汚染物質が混入することがあると書きましたが，それは地下水に限ったことではありません。私たちが利用する水には，さまざまな物質が溶け込み，その結果水質が悪化することがあります。私たちの生活から出る排水，農業や工業から出る排水などは，湖沼や河川の水に混入し，最終的には海に流れ込みます。さらに，汚染物質だけでなく，私たちが捨てたゴミなども河川から海へと流れ込むのです（図6-4)。

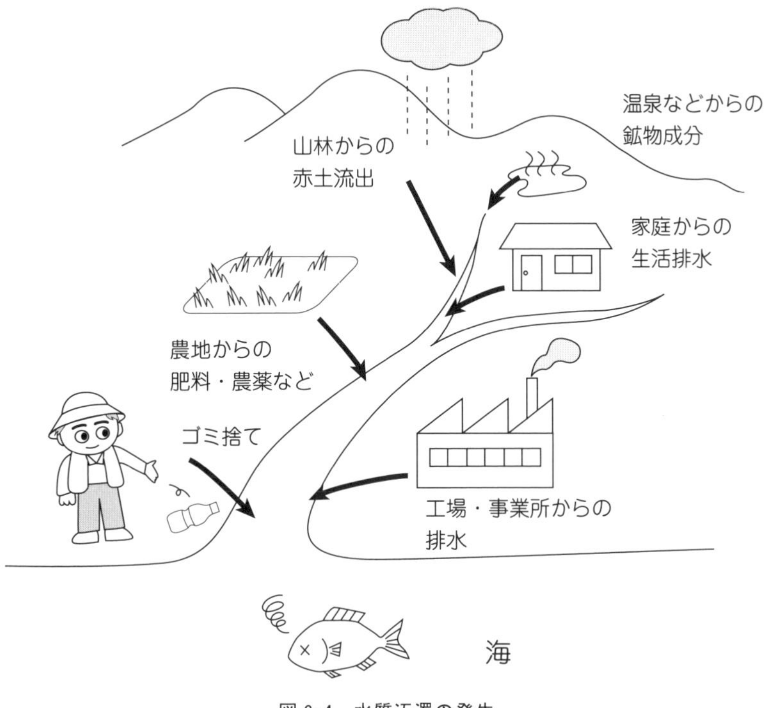

図 6-4　水質汚濁の発生

6-4-1　水質汚濁

水の性質が，物理的，化学的，生物学的に公共用水（水道水など）として好ましくない方向へ変化することを水質汚濁とよびます（表 6-2）。具体的には，水温が変わる，さまざまな化学物質が混入する，微生物などが混入する，といった理由により，水の透明度が変わったり，色や臭いがついたりすることによって，公共用水として好ましくない状態になることがあるのです。

このような汚濁には，私たち人間による人為的な要因によるものに加え，自然界からの汚濁もあります。

自然界からの汚濁としては，川が流れる間に鉱物成分などを溶かし込み硬度が変わるといった例があります。硬度とは水の中に含まれるカルシウムやマグネシウムなどの鉱物ミネラルの量を炭酸カルシウムという物質に換算した値で，数値が大きいほどミネラルを多く含む硬度が高い硬水となります。日本は降水量が多く海が近くて急峻な河川，つまり流れが早く短時間で海まで流れ込んでしまう河川が多いため，鉱物成分を溶かし込むことが少なく，水は硬度の低い軟水とな

表 6-2　水質の内容

水質分類	判定項目
物理的水質	水温，細粒物質（粘度）など
化学的水質	溶存態および懸濁態の化学物質
生物的水質	微生物，昆虫，魚など
感覚的水質	色，臭いなど

新版 生活と環境 第 3 版（三共出版）を改編。

ります。一方，ヨーロッパなどの大陸の河川は，平坦な大陸を長い時間かけて流れる間に鉱物成分を溶かし込むため，硬度の高い硬水になる傾向があります。自然界からの汚濁としては他にも，鉱山地帯を流れる川などに重金属が溶け込む例が知られています。鉱山があったり温泉が湧き出したりしているようなところでは，その廃水に含まれる微量な重金属が河川に流れ込み，結果として川の状況が悪化し，魚が死ぬといったことがあるのです。

また，水質汚濁には人為的要因によるものが広く知られています。第１章で述べた，工場排水に含まれるカドミウムやメチル水銀などといった重金属汚染による水質汚濁はその典型的な例です。近年はコンピュータの部品のような精密部分を作る工場や金属機械の加工工場の廃液に含まれるトリクロロエチレンなどの有機塩素化合物による汚染も問題となっています。さらに，発電所や工場などから温度の高い水が排出されることによって河川や海の水温が上がり，生態系に影響を及ぼすといった問題も生じています。他にも，船舶の座礁による原油流出，あるいは船底塗料に含まれる有機スズなどによる海洋の汚染も知られています。なお，海の環境問題については次章（第７章）で，また船底塗料の問題は環境ホルモンの章（第９章）で詳しく説明します。

6-4-2　富栄養化

私たちの生活排水に含まれるさまざまな物質が水質汚濁を引き起こす例として富栄養化があります。富栄養化とは，下水道が完備されていない地域の生活排水や工場排水，あるいは農業排水などの中に含まれる栄養塩類とよばれる塩類が，湖沼や河川に大量に流入した状態を言います。栄養塩類とは，窒素（N），リン（P），カリウム（K）などを含む塩類で植物の肥料となるため，湖沼や河川で富栄養化が発生すると一時的に植物プランクトンの異常増殖を引き起こします。湖沼では，増殖した植物プランクトンにより水面が緑色や褐色になって上水道の原水としての利用の障害になることがあり，水の花やアオコなどとよばれています。また，海で植物プランクトンが異常増殖すると水面が赤くなる赤潮とよばれる状態となり，プランクトンが魚のエラに詰まる，あるいは酸欠を起こす，といったことにより魚が大量死する被害を引き起こすことがあります。下水処理などが進んだ現在でも，東京湾などでは赤潮の発生が続いています（図 6-5）。

さらに海では，青潮という現象も発生することがあります。赤潮で発生した植物プランクトンがその後大量に死滅して海底にヘドロとして堆積すると，微生物が酸素を使いヘドロを分解するため，海底に酸欠状態のヘドロの堆積層ができます。この堆積層は通常は海底に留まっています。ところが，陸から海に向かう強風が吹くと，表層海水が陸から外洋に向かって動き，結果として海底から海水が上昇して，海底に堆積していた酸欠状態の堆積層も海面に上昇してくることになります。堆積層にはプランクトンの分解物として硫化物も含まれていますが，硫化物は海面で空気中の酸素によって参加されると硫黄になり，海面は青みがかった乳白色の青潮となるのです（図 6-6）。青潮は硫黄を大量に含み酸素も少ないため，魚介類が死滅します。東京湾では，赤潮ほどではないものの，現在でも青潮の発生が年に数回見られ，アサリなどに大きな被害が発生しています。

富栄養化のような人為的要因による水質汚濁は，かつて下水道が十分完備されていない時代に，生活排水に含まれる有機物によって頻繁に発生していました。そのような水質汚濁の状況を受け，日本では 1970 年から水質保全に関する様々な対策や法律の制定が行われてきました。具体的に

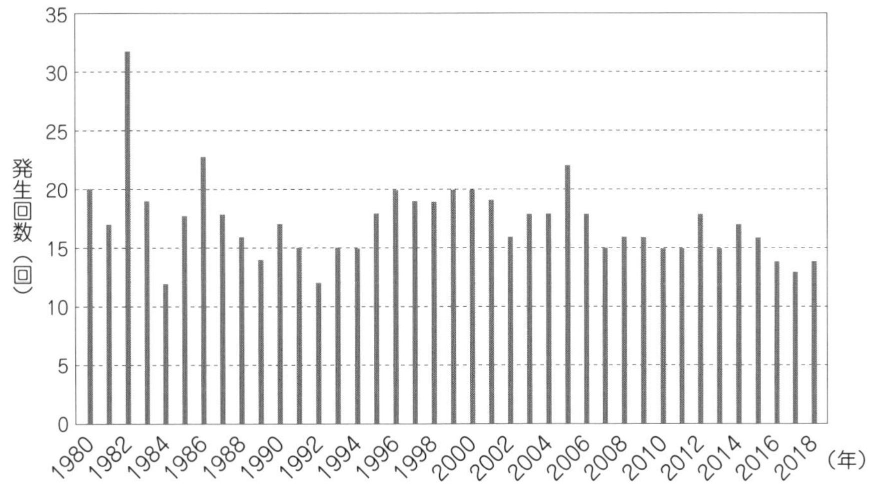

図 6-5　東京湾の赤潮発生状況（発生回数）

東京都環境局　平成 30 年度東京湾調査結果報告書をもとに作成。

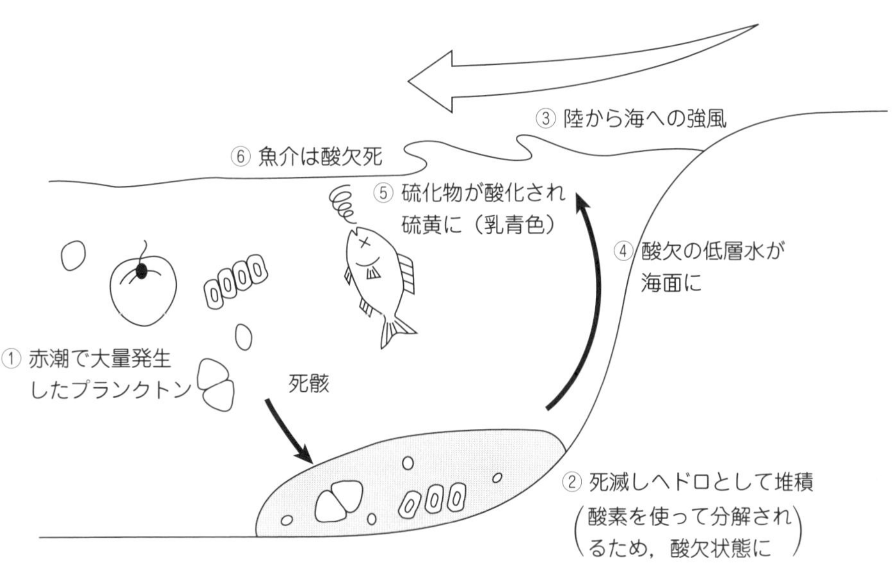

図 6-6　青潮発生のしくみ

は，1970 年に水質汚濁防止法が作られ，1971 年には環境基準が作られました。公害のように健康を害するものでなくても，生活環境が不快ものにならないような生活環境保全のための環境基準が作られ，そうした法律や基準は，改訂や追加が行われて現在に至っています。

6-5　水質についての環境基準

ここでは，生活環境の保全に関する環境基準としてどのような基準が設定されているのかについて見ていきます。

6-5-1 水素イオン濃度（pH）

水素イオン濃度（pH）とは，水溶液の酸性アルカリ性の度合いを示す指標です。7が中性で，それより数字が小さいと酸性，大きいとアルカリ性であることを示します。酸性ということは，水溶液の中に水素イオン（H^+）がたくさん含まれているということになります。

実際には，水溶液中の水素イオンの対数をとっているため，数値が1変化すると，水素イオン濃度は10倍変化することになります。第5章で海洋酸性化について説明した際，二酸化炭素濃度の上昇によってpHが0.1程度低下するということを説明しました。0.1というと，あまり大きな変化と感じられないかもしれませんが，上述のように，0.1の変化でも海水中の水素イオン濃度が大きく変わり，海洋の生物にも影響が及ぶことになるのです。

6-5-2 BOD・COD・溶存酸素

水質汚濁の状況を知る基準としてよく使われるのがBOD，CODという指標です。BODは生物化学的酸素要求量（Biochemical Oxygen Demand），CODは化学的酸素要求量（Chemical Oxygen Demand）とよばれ，水中に含まれる有機物を，微生物のはたらきで，あるいは化学的に分解する場合，必要とされる酸素の量を示したものであり，水中の有機物の量を反映しています。自然界では，有機物は微生物によって分解され，さまざまな物質が生じると共に悪臭などが発生することもあります。従って，これらの数値が大きいということは多くの有機物を含む汚れた水であるということを示していることになります。

BODやCODの環境基準については，日本での達成状況は現在でも十分とはいえず，特に湖沼などではまだ基準が達成されていない例もあります。日本では，まだ生物がすみにくい水環境が残っていると言えるのです。

次に，私たちの生活がBODやCODにどのような影響を与えているのかについて，見ておきましょう。私たちは生活の中で様々な有機物，特に食べ物由来のゴミや排水を環境中に排出しています。図6-7は，私たちが食べ物由来の有機物を含む排水を川や湖沼に排出した際，魚がすめる水質（BODで5 mg/L以下）になるよう希釈するためにどのくらいの水が必要になるのかを示したものです。希釈に必要な水は，イメージしやすいように風呂の浴槽の水が何杯分必要かで示してあります。例えば，1食分のラーメンの汁（200 mL）を捨てた場合，BODは25,000 mg/mL

	しょう油 15 mL	ラーメンの汁 200 mL	米のとぎ汁 2 L	味噌汁 200 mL	牛乳 200 mL	天ぷら油 500 mL
おおよその BOD（mg/L）	150,000	25,000	3,000	35,000	78,000	1,000,000
お風呂の浴槽 （200 L） 約何杯分？	2.3 杯	5 杯	6 杯	7 杯	15 杯	500 杯

図6-7 私たちのくらしから考えるBOD

になるため，魚がすめる水質に希釈するには 25,000 ÷ 5 ＝ 5,000 倍にに希釈しなくてはなりません。200 mL（0.2 L）を 5,000 倍にするためには約 1000 L，浴槽約 5 杯分の水が必要となるのです。最も環境負荷が大きいのは油で，500 mL（揚げ物に使うぐらいの量）の天ぷら油を流すと，なんと浴槽 500 杯分の水が必要となります。実際の生活では，家庭からの排水は下水処理場で処理されてから河川に放水されるため，ラーメンの汁や油がそのまま環境中に出て行くということではありません。しかし，下水処理場に処理のための非常に大きな負荷がかかっていることになります。また，キャンプ場などの自然環境で，あるいは下水処理施設が整っていない地域で，こうした排水を排出すると，すぐに環境に大きな負荷をかける結果となってしまうのです。

水環境の基準としては他に，溶存酸素という指標もあります。これは水中に溶解している酸素の量を示したもので，水中に酸素がたくさんあるということは，有機物や生物の量が少ない水であるということを示しています。

6-6　バーチャルウォーター

水をめぐる環境問題の話題として，最後にバーチャルウォーター（仮想水）というものについて説明します。

バーチャルウォーターとは，食料を輸入している国が，もしその食料を自分の国で生産するとしたらどのくらいの水が必要かを推定したものです。第 11 章で詳しく述べますが，日本は食料自給率が低い，すなわち海外からの食料の輸入量が多い国となっています。そのため，輸入している食料については，生産に必要な分の水を自国で使わずに済んでいるということになります。言い換えると，食料を輸入するということは，形を変えて水を輸入していると考えることができるのです。しかし，実際には水として目に見える形になっているわけではないため，バーチャルウォーターとよばれています。

実際に私たちはどれほどのバーチャルウォーターを使っているのでしょうか。図 6-8 は，私たちが食べている食料を作るために，バーチャルウォーターがどのくらい使われているかを表したものです。例えば，牛肉を食べることを考えてみましょう。牛肉になるウシに食べさせる牧草や飼料の生産に使う水，ウシが直接飲む水，畜産業を運営していくための設備で使う水などをすべてまとめると，200 g の牛肉を得るためには 4000 L を超える水が使われているということがわかります。また，私たちの食生活ではパンなど小麦製品が欠かせないものになっていますが，小麦はその大半を輸入に頼っています。6 枚切りのパン 1 枚を作るには 100 L 近い水が必要だとい

	牛ステーキ 1 切 200g	卵 1 個	炊いたご飯 茶碗 1 杯	食パン 6 枚切り 1 杯	牛乳 コップ 1 杯 200 mL	コーヒー 1 杯
バーチャルウォーター量	4120 L	179 L	278 L	96 L	110 L	210 L

図 6-8　食品別のバーチャルウォーター

環境省 HP　仮想水計算機を元に作成。

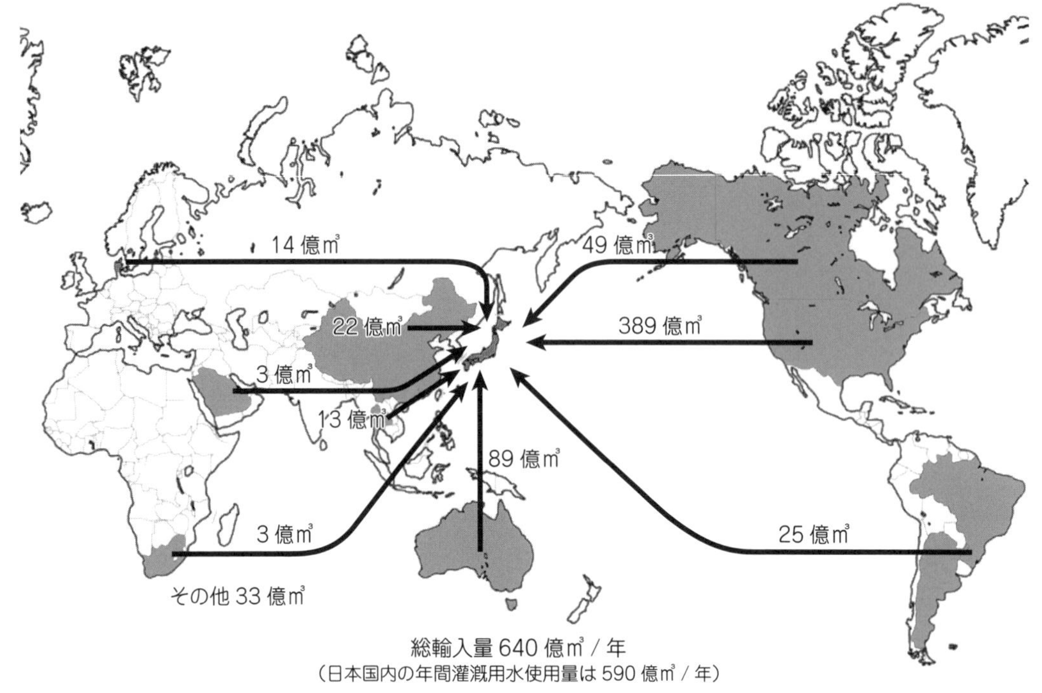

図 6-9　日本のバーチャルウォーター総輸入量（2000 年）

東京大学生産技術研究所　沖研究室　日本の年 Uirtual water 総輸入量をもとに作成。

うことがわかりますが，この水の大半は原料である小麦と共にバーチャルウォーターとして輸入していることになります。コーヒーを飲む際，一杯は 150 ～ 200 mL つまり 0.2 L 程度ですが，一杯のコーヒーに使うコーヒー豆を育てるためには 210 L もの水が使われています。

日本は様々な国から食料に隠れたバーチャルウォーターを輸入しているということになりますが，食料を輸入することによってバーチャルウォーターとして日本が輸入した水の量がどのぐらいになるのかについて計算した例を紹介したのが図 6-9 です。東京大学生産技術研究所の沖大幹教授らのグループが 2010 年のデータを元に試算したものですが，この図を見ると，日本国内の農業用水の使用量が 590 億 m^3（t）であるのに対して，輸入しているバーチャルウォーターは 640 億 m^3，すなわち国内で食料生産に使った水よりも多くの水を食料経由で輸入しているということがわかります。日本の食料自給率が低い問題については第 11 章で詳しく述べ，国内の自給率を上げることが重要であるということも説明します。一方で，図 6-9 を踏まえると，日本国内でより多くの作物を栽培し，家畜を飼育することになると，現在国内で使用している農業用水の倍以上の水が必要になります。6-2 で述べたように，生活用水の量が増え，また，地球温暖化による気候変動などを受け，水不足になるかもしれない日本において，作物や畜産物を国内生産することによって，今以上に水が重要になってくることが予想できるでしょう。将来的に日本では深刻な水不足という事態が生じることが十分あり得るのです。

ところで，地球上の水としては，淡水に比べて圧倒的に海水がたくさん存在しています。海水についても様々な環境問題が注目されるようになってきています。次章では，海の環境問題について解説したいと思います。

＜参考文献・参考サイト＞

国土交通省　世界の水資源

https://www.mlit.go.jp/mizukokudo/mizsei/mizukokudo_mizsei_tk2_000020.html

国土交通省　令和 2 年度版　日本の水資源の現況について

https://www.mlit.go.jp/mizukokudo/mizsei/mizukokudo_mizsei_tk2_000028.html

東京都環境局　都内下線及び東京湾の水環境の状況

https://www.kankyo.metro.tokyo.lg.jp/water/tokyo_bay/index.html

「環境　ここがポイント　第 3 版」 斎藤勝裕 著　三共出版（2011）

「新版　生活と環境　第 3 版訂正」 岡部昭二 他著　三共出版（2014）

「水の科学　水の自然史と生命，環境，未来　第 2 版」 清田佳美 著　オーム社（2020）

東京大学生産技術研究所　沖研究室　世界の水危機、日本の水問題

http://hydro.iis.u-tokyo.ac.jp/Info/Press200207/

7 海の環境問題

この章では，海の環境問題についてお話をしていきます。そのために，まずは地球における海について見ていきましょう。

7-1 海の広さと深さ

海は地球の表面積の約 7 割を占めていますが，陸との環境の違いに注目すると，まずその広さが挙げられます。

地球上で大陸はつながっていませんが，海は極域すなわち北極や南極から赤道付近まで，すべてつながっていて，水が循環して移動しています。地球全体で連続性が高いため，海では生物のつながりも複雑になっています。

海のもう一つの特徴として，垂直方向にも広がっているという点が挙げられます。海は表面から海底までを見通すことができないため，その深さはイメージしにくいですが，非常に深いことがわかっています。例えば，東日本の太平洋側，日本列島にほぼ並行して位置する日本海溝は最深部が 8020 m，伊豆・小笠原海溝につながる世界最深のマリアナ海溝の最深部は 10911m と言われています。日本で一番高い富士山は 3776 m，世界最高峰のエベレスト山は 8848m ですが，どちらもマリアナ海溝に沈めると完全に沈んでしまうことになります。このように，海は垂直方向にも非常に深くまで広がっているのです（図 7-1）。

さらに，このような広く深い海で，海水は移動しています。表面の海水の移動は表層海流とよばれ，温かい海水が流れる暖流と，冷たい海水が流れる寒流とに分けられます。その中で世界二

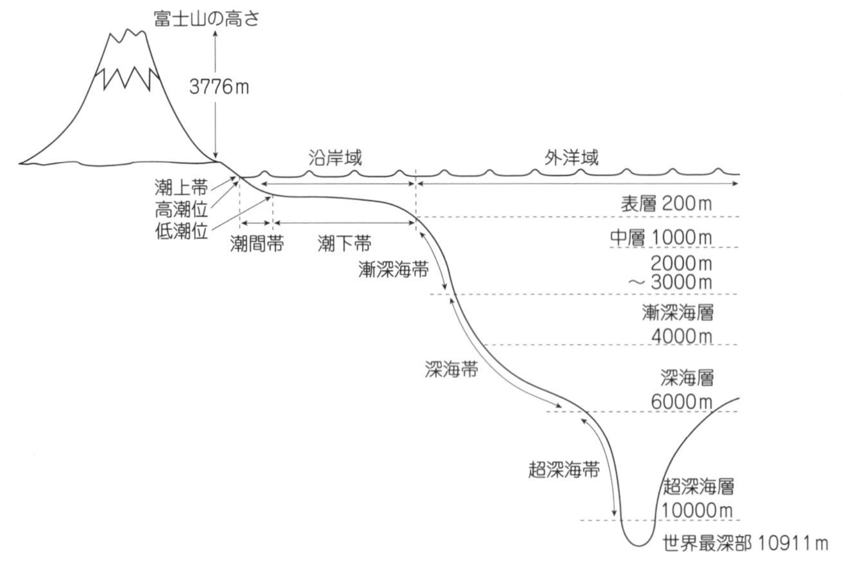

図 7-1　海の垂直方向の広がり

環境省　海洋生物多様性保全戦略公式サイト　海のめぐみって何だろう？をもとに作成。

大海流とよばれているのが，メキシコ湾流と，日本のすぐ近くを流れている黒潮です。この二大海流はたくさんの生物を運んでいるという意味で非常に重要な海流となっています。

日本の近くの海流についてもう少し詳しく見てみましょう（図 7-2)。日本の近海には，先ほど述べた黒潮（日本海流）と，もう 1 つ暖流として対馬海流が流れています。一方，寒流としては，親潮（千島海流）とリマン海流が北から流れてきています。図 7-2 を見ると，ちょうど日本の近くで暖流と寒流がぶつかり合っているということが分かります。暖流と寒流がぶつかり合う場所は潮目（しおめ）と呼ばれ，暖流に乗ってきた生物と寒流に乗ってきた生物が混ざり合う生物多様性の高い場所となり，よい漁場であることが知られています。日本近海は，生物多様性の高い豊かな海が広がっているということになるのです。

一方，地球全体に目を戻し，表層でなく深層について見ると，海は深層部と表層部の間でも流れが生じており，そのような流れは深層循環とよばれています。具体的には，例えばグリーンランドや南極周辺などでは冷たくなった海水が深層部（深海）に向かって沈み込んで行き，一方，太平洋の赤道付近では海底から海水が湧き上がってきます。このように，海水は深層部と表層部の間，および表層で大きな循環をしています。海水が深層部と表層部をめぐって元のところまで戻ってくる 1 周期に約 2000 年かかるといわれており，地球全体でつながった海水が非常に長い時間をかけて大きく循環しているのです。

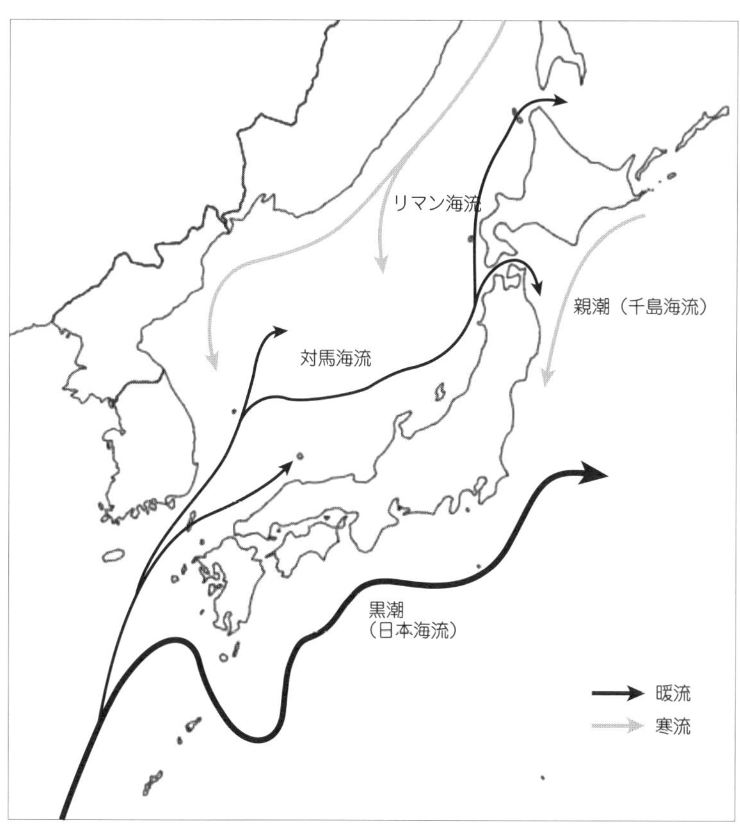

図 7-2　日本近海の海流

海上保安庁第八管区海上保安本部海洋情報部 HP，日本近海の海流をもとに作成。

7-2 海の生態系

海の環境が陸と違っている点の2つ目は，生態系を支えている生産者が植物ではなく小さな植物プランクトンだという点です。小さな植物プランクトンは寿命が短いため世代交代が早く，捕食被食の関係が早く進むため，さまざま々な種が出現すると考えられています。ただ，海は海底までを見通すことができないため，どのような生物がどのくらい生息しているかについては不明な点が多く，陸に比べて未知の種も多数存在しているのが現状です。

さらに，海を私たち人間の生活との密着度で眺めてみましょう（図7-3）。

私たちの生活と密着している海域（沿岸域）は陸に近い部分であり，陸から海への移行に伴ってその特徴が大きく変化するため，生物の多様性も非常に高いことが知られています。例えば，海水と淡水が混ざり合う汽水域では，海水に生息する生物と淡水に生息する生物の両方が存在し，生物多様性が特に高くなっています。また，海の浅い部分でアマモなどのような水草が生える藻場では，生物が隠れたり巣を作ったり産卵したりといった場所が豊富にあるため，特に生物多様性が高くなります。他にも，干潟やマングローブ林，さらにサンゴ礁なども，生物多様性が高いことで知られています。

一方，外洋域は陸から離れた海が深い部分ですが，こうした場所は人間活動の影響を受けにくい場所ということになります。外洋域は水質汚染などの被害を受けにくいことから，生物にとってはやはり生息しやすい場所ということになります。

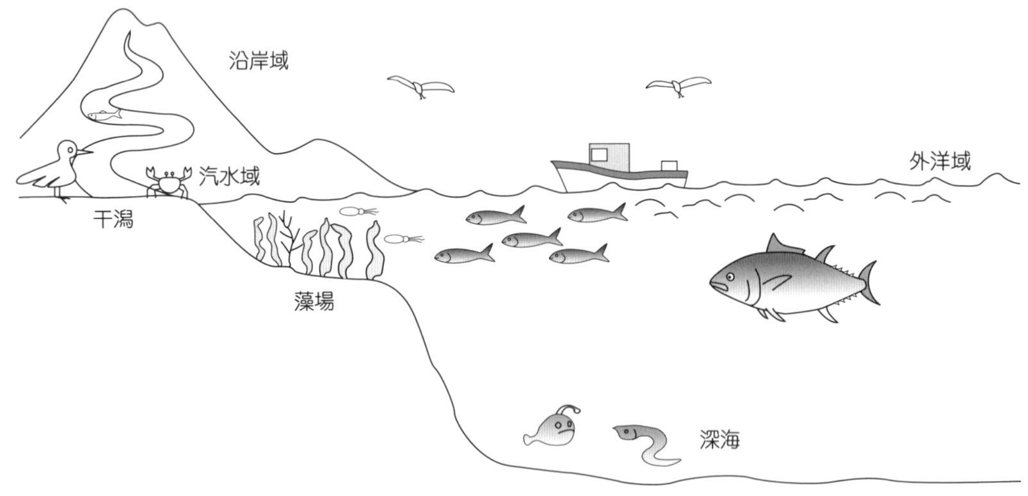

図7–3 さまざまな海域における生態系の多様性

環境省 海洋生物多様性保全戦略公式サイト 海のめぐみって何だろう？をもとに作成。

7-3 日本の海とは

ところで，陸には国境があり各国の領土というのがありますが，各国の海はどう決められているのでしょうか。ここでは，日本の海はどこまでを指すのかという話をしたいと思います。

それぞれの国が所有する海は領海とよばれています。領海は1977年に制定された「領海法」により，基線から12海里（約22 km）までの領域と決められています（図7-4）。基線とは，海岸の低潮線，すなわち干潮時（潮が引いた時）に出てくる陸のギリギリのところ，あるいは湾口もしくは湾内に引かれる直線として規定されています。この定義に従った日本の領海面積は約48万 km^2 となります。日本の国土面積は約38万 km^2 なので，日本は所有する領土よりも領海の方が広いということになるのです。

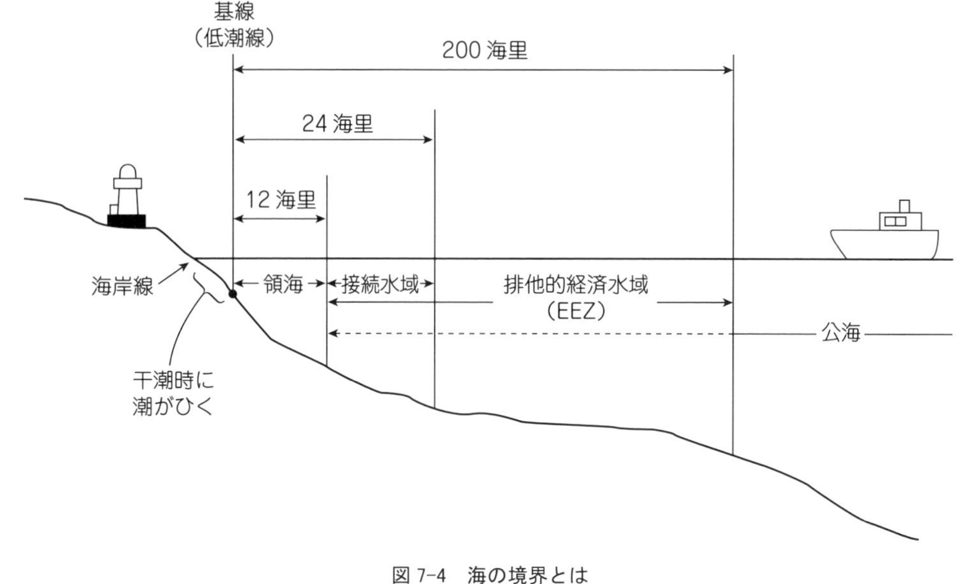

図 7-4　海の境界とは

海上保安庁　管轄海域情報〜日本の領海〜，領海等に関する用語をもとに作成。

さらに，海には領海の外側に排他的経済水域（Exclusive Economic Zone : EEZ）という水域があります。排他的経済水域とは，その国の領海ではないものの，その水域内にある天然資源の探査や開発管理，漁業などに関する権利をその国が持つ水域のことで，基線から200海里（約370 km）を超えない範囲で設定することができます。この排他的経済水域と領海を足した，日本が主体的に管理する権利のある海の面積は約447万 km^2 になり，日本の国土面積の約12倍になります（図7-5）。日本は国土の周囲をすべて海に囲まれた国であるため，国土周辺の広い水域で様々な権利や可能性を持っているということになるのです。また，図7-5をみると，本土から離れた場所でも日本の領土である島が一つあると，その周囲200海里（約370 km）の円形の水域が日本の排他的経済水域になることがわかります。領土である小さな島が存在することが，日本にとって領海や排他的経済水域を確保するために重要なこととなるのです。

日本は国土が狭いけれど島がたくさんあり，海岸線も入り組んでいます。そのため，島を含めた日本の海岸線の長さは約3万 km あり，世界第6位，地球一周の長さの80%近い長さとなっています。海岸線は入り組んでいるだけでなく，岩場や砂浜など，様々な形態をしていることから，日本の沿岸は生物の多様性も非常に高いことが知られています。世界に生息するアザラシなどのような海生哺乳類127種のうちの50種，世界で約300種といわれる海鳥のうちの122種，また世界の約15000種の海水魚のうちの約3700種を，日本の近海で見ることができます。さらに海水魚については，3700種のうち，日本固有種が約1900種あると言われています。

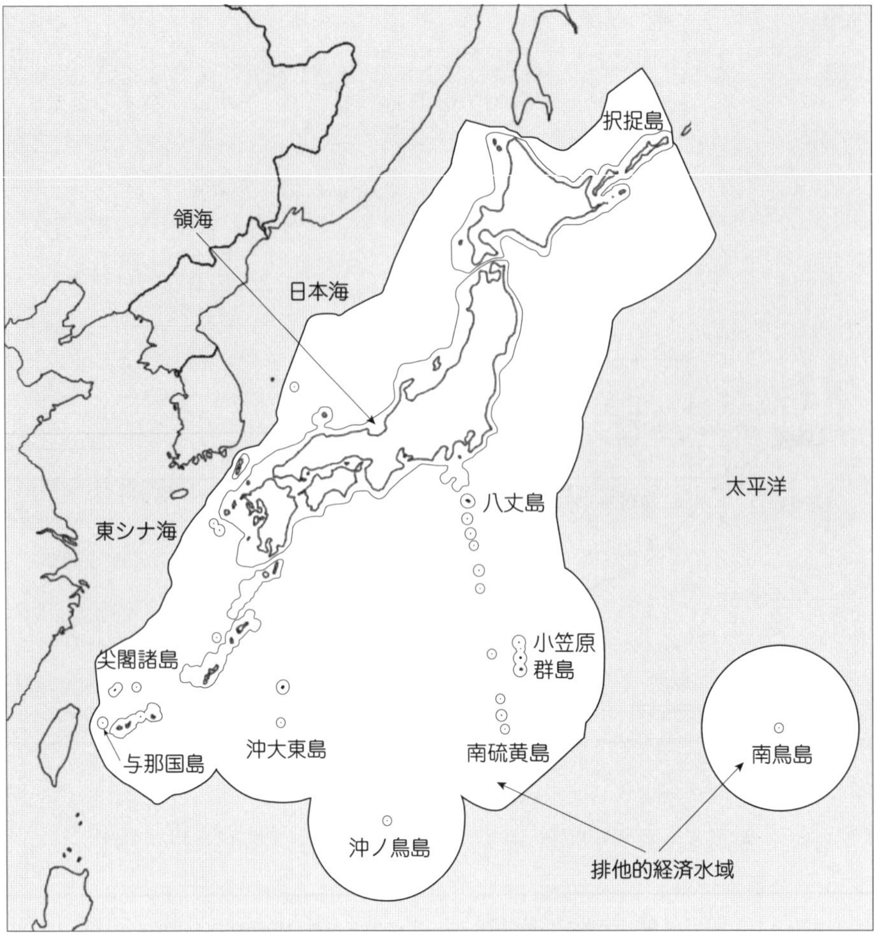

図 7-5　日本の領海と排他的経済水域

海上保安庁　管轄海域情報～日本の領海～，日本の領海等概念図をもとに作成。

このように日本の海が非常に豊かなすばらしい海である理由として，温暖な海水温もその一つです。地球の海水温は，北極や南極では年間を通じてほぼ 0℃であり，熱帯付近では 30℃くらいとなっていますが，日本の沿岸は冬で約 15℃くらい，夏は 25℃くらいで，生物の生息に適した条件なのです。

ところで海水温は水域によってほぼ一定ですが，様々な要因によって変わることがあります。

その一例として，エルニーニョという現象が知られています。エルニーニョというのは気象現象ですが，海水温の変化によって生じる現象です。太平洋では赤道付近で貿易風と呼ばれる風が東から西に向かって吹いているため，赤道付近の温かい表面海水はその風に流され，通常は太平洋のやや西側に位置しています（図 7-6，上）。ところがこの貿易風が弱いと高温域が貿易風で流されないため，高温域が太平洋の東側，すなわち南アメリカ大陸の近くにとどまるため，南アメリカ大陸は気温が高くなります。この状態をエルニーニョ（スペイン語で男性という意味）とよびます。エルニーニョでは，日本を含む太平洋の西側は気温が低くなり，冷夏となります（図 7-6，真ん中）。逆に，貿易風が強い年は，暖かい表面海水が通常よりさらに西の方（日本に近い方）に押されるため，南アメリカ大陸は気温が低くなり，夏は涼しくなります。そのような状態をラニーニャ（スペイン語で女性という意味）とよびます。ラニーニャの際は日本付近の夏は猛暑となります。さらに，日本付近は気候の変動が激しくなるために冬は寒波が訪れる傾向があります(図7-6, 下)。このように，海水温の分布変化が，地球の広い地域に渡って気候を変えてしまうこともあるのです。

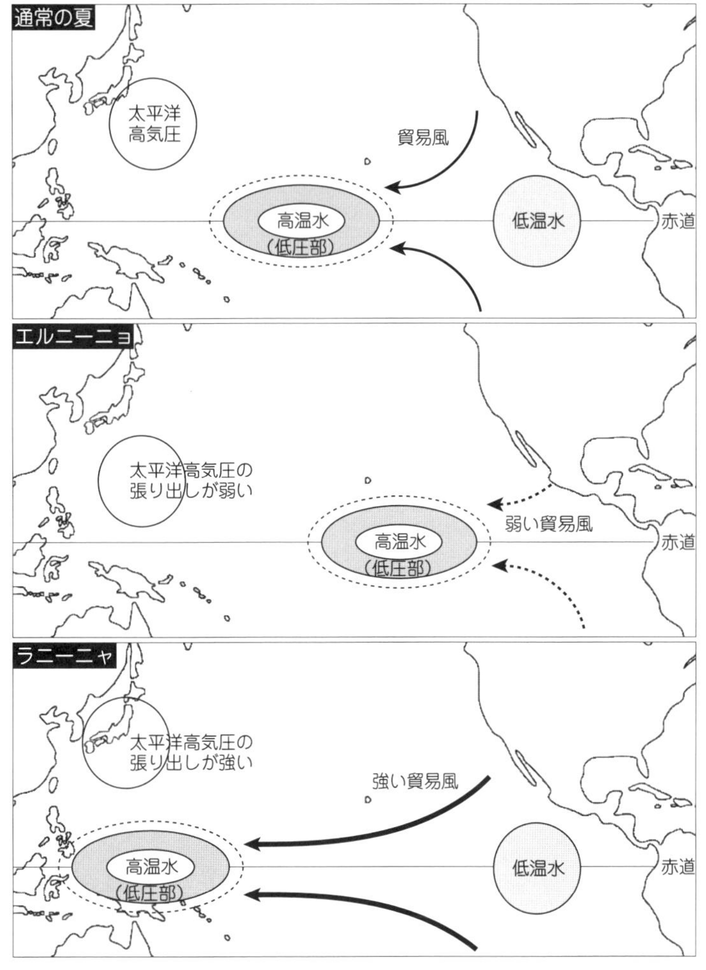

図 7-6　エルニーニョとラニーニャのときの太平洋の水温分布

出典：海の科学（日刊工業新聞社）

7-4　海の恵みを損なう要因とは

ここでは，これまで述べてきた豊かな海の恵みを損なう要因について考えていきます。

海の恵みを損なう要因としては，生息環境の物理的改変，海洋汚染，漁業の問題，外来種，気候変動，海洋酸性化，などが挙げられます。以下，その要因のいくつかについて説明します。

7-4-1 生息環境の物理的改変

沿岸域の環境は人間活動の影響を受けやすく，例えば，埋め立てにより自然の砂浜や岩場が失われる，工事や洪水が原因で土砂が河川から海に流れ込む，逆に砂防ダムによって海に流れ込む土砂の量が減り海岸が衰退する，といったことが起こります。このような沿岸環境の物理的改変は，海洋生物に大きな影響を与え，生物多様性が失われる要因となります。

7-4-2 漁業の問題

漁業について，人間が過剰な漁を繰り返すことによって，資源の枯渇や生態バランスが崩れてしまうといったことがすでに生じています。現在，世界で水揚げされている魚のうち，約 6 割が資源を維持できるかどうかギリギリの状態で漁業が行われていると言われています。また，約 3 割はすでに漁獲量が過剰で生態系や資源を維持できず，今後資源が枯渇する可能性が高い状況にあります。すなわち，現在のような漁業の状況を続けていくと，海の生態系が崩れることが危惧されているのです。

7-4-3 外来種の問題

陸上に限らず，海でも外来種の問題が懸念されています。

外来種とは，もともとその地域に生息していなかったのに，人間の活動によって連れてこられた生物のことを指します。外来種というと，海外から持ち込まれた生物というイメージがありますが，同じ国内でも，その生物が生息していなかった地域に人間によって持ち込まれた場合は外来種となります。一方で，渡り鳥のようにその生物が自身で移動してきた場合，あるいは台風や海流などによって魚や植物の種子などが運ばれてきた場合は，外来種とは言いません。

このような外来種は，連れてこられた場所が生息に適した条件であると，その土地で増殖し，もともとその場所に生息していた在来の生物を食い荒らしたり駆逐したりすることによって，在来の生態系をかく乱したり劣化させることが報告されています。

陸の外来種としては，すでにさまざまな生物が知られていますが，アライグマはその例の一つです。過去にアニメなどで人気が出て，ペットとして多数のアライグマが輸入・販売されましたが，その後飼育できなくなった飼い主が野生に放したり捨てたりしたことで増殖しました。他の例として，最近では，海外からの荷物に紛れて日本に侵入したと考えられるヒアリという毒を持ったアリが，港湾などで発見されたことがニュースなどで報道され注目されています。

こうした外来種の問題が，陸だけでなく海でも生じているのです。その一つが，船のバランスを取るために入れるバラスト水とよばれる海水による問題です。荷物を積んでいない船は船底が軽くバランスが悪いので，バラスト水とよばれる海水を荷物のかわりに積み込みますが，このときその海域に生息している生物も海水と一緒に船の中に積み込まれることになります。船が目的地に着いて，必要な荷物を積む際に，不要となったバラスト水はその場所で排水されますが，その際，バラスト水中にいた海洋生物もその場所に放出されることになります。自分では長い距離を移動できなかった海洋生物が，バラスト水と一緒に船で長い距離を移動し，外来種になってしまうのです。結果として，生息している在来の生物にさまざまな生態的影響を及ぼすことになります。

7-4-4　地球温暖化の問題

他にも，第 5 章で説明した地球温暖化のような気候変動も，海の恵みを損なう大きな要因となります。例えば温暖化によって海流の流れが変化し，水揚げされる魚の種類や漁獲量が変化するといったようなことがすでに発生しています。また，5-4 でも述べたように，海水温が上がることによって，サンゴが白化し，生物多様性が高いサンゴ礁が消えてしまうといった例もあります。温暖化による影響としては他にも，5-3 で述べたように，北極で海氷が徐々に溶けているという報告があり，北極海の夏の氷は今世紀中に見られない年が出てくると予想されています。北極海の氷が溶けてしまうと，気候や海水循環への影響，さらに氷上で暮らしているさまざまな生物にも大きな影響を与えるということになると考えられます。

7-5　海洋酸性化

5-3 でも述べたように海は人間活動により人為的に排出された二酸化炭素の約 30% を吸収しています。しかしその結果，海洋酸性化，すなわち海水の pH が徐々に下がってしまうという現象が起こっています。IPCC の予測によれば，今後も海水の pH は低下し続け，海洋酸性化が進み，海の生態系にさらに影響が出るであろうと予想されています（図 7-7）。

具体的な影響としては，まず，海洋が大気から二酸化炭素を吸収する能力が低下する点です。海は本来弱アルカリ性であり，水に溶けると酸性を示す二酸化炭素を吸収しやすい性質があります。しかし，アルカリ性が低下していくと二酸化炭素を吸収する能力が低下していくのです。そこに地球温暖化が加わると海水の水温が上がり，気体である二酸化炭素はますます海洋に溶け込みにくくなります。その結果，大気中に残る二酸化炭素濃度が上昇し，地球温暖化が加速されることになるのです。

また，海に生息する生物の中には，サンゴや貝，ウニなど，骨格や殻が炭酸カルシウムという物質からできているものがいます。海洋酸性化が進むとこうした生物の骨格になっている炭酸カルシウムが合成されにくくなることが知られています。

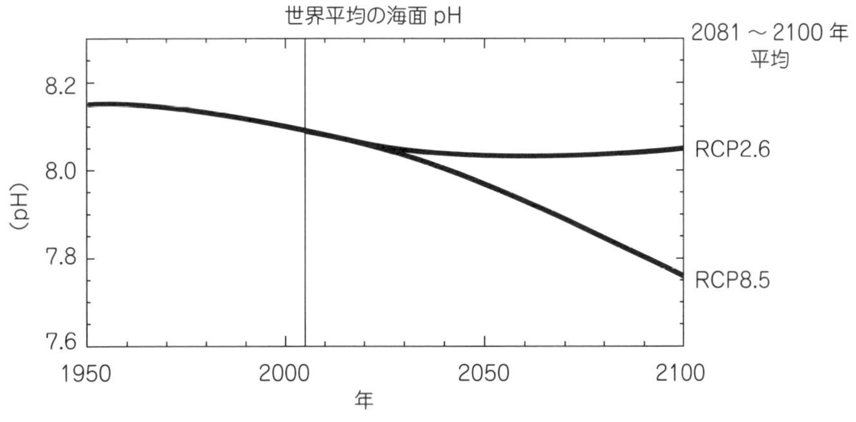

図 7-7　海面 pH の将来的変化予測

気象庁　IPCC 第 5 次評価報告書をもとに作成。

7-6 海洋汚染

海は，海上での人間活動によっても汚染されます。

例えば，船舶の座礁による油や化学物質などの流出，廃棄物の投棄などがその要因として挙げられます。1989 年 3 月に発生したエクソン・バルディーズ号事故は，アメリカ史上最大の石油流出事故となり，アラスカの海岸線約 2000 km を汚染して，アラスカの自然や産業に甚大な被害をもたらしました。この事故では，10 ～ 30 万羽の海鳥，数千頭の海生哺乳類が死に至ったと考えられています。また，クリーンアップ作業は 1992 年まで続けられ，その年の 6 月にようやく終了宣言が出されました。

一方，海は，陸上での人間活動によっても汚染されます。河川を介して，工場や家庭，農地などからの汚染物質が海に流入することがあるためです（図 6-4）。また，陸上で出されたゴミは，河川を介して海へとたどり着きます（図 7-8）。さらに 7-1 で述べたように海は地球上でつながっているため，例えば日本の陸上で出されたゴミが太平洋に出て，最終的にハワイやアメリカに流れ着く，逆に，周辺国からのゴミが日本に流れ着く，といったことがしばしば生じるのです。東日本大震災の津波で流されたコンテナなどが 10 年近く経ってアメリカに漂着したといったニュースも報じられています。

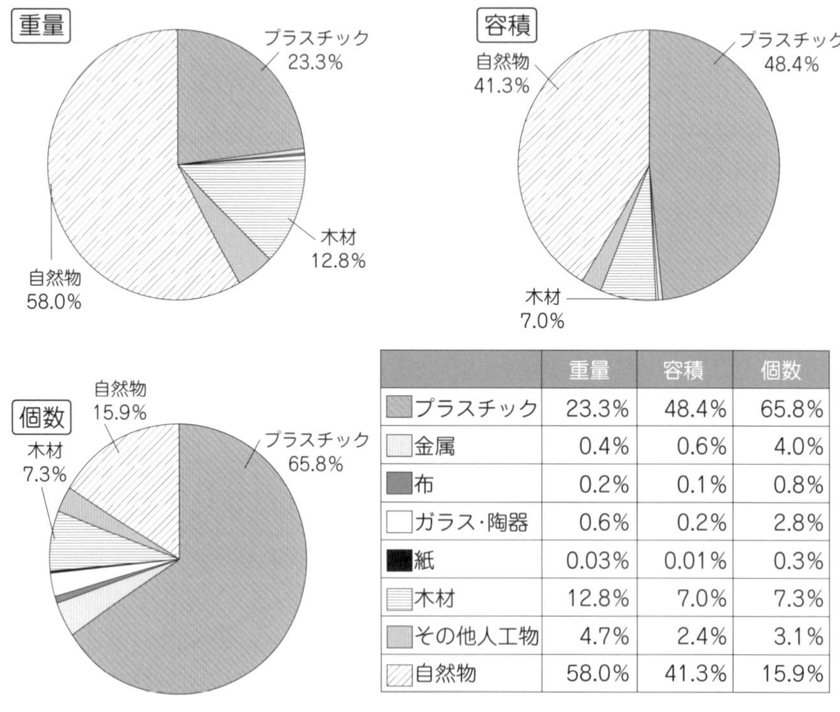

	重量	容積	個数
プラスチック	23.3%	48.4%	65.8%
金属	0.4%	0.6%	4.0%
布	0.2%	0.1%	0.8%
ガラス･陶器	0.6%	0.2%	2.8%
紙	0.03%	0.01%	0.3%
木材	12.8%	7.0%	7.3%
その他人工物	4.7%	2.4%	3.1%
自然物	58.0%	41.3%	15.9%

図 7-8　日本における漂着ごみの種類別割合（2016 年度全国 10 地点での調査）

環境省　海洋ごみをめぐる最近の動向（平成 30 年 9 月）を元に作成。

7-7 マイクロプラスチック

こうした海のゴミの中で現在最も注目されているのはプラスチックゴミです。世界の海に流出するプラスチックゴミは年間 480 万～ 1270 万 t，平均して約 800 万 t で，海洋ゴミの約 70% を占めるといわれています。プラスチックは放置しても自然界では完全には分解されず，海の中で長い間，プラスチックゴミとして漂い続けるということになります。また，図 7-8 からもわかるように，陸上を含めて廃棄されたプラスチックがゴミとして海岸に漂着する割合も高くなっています。

海のプラスチックゴミの発生元の国々を調べてみると，アジアの国々が多いことが分かります。発生量が最も多いのは中国，次はインドネシアであり，日本も世界で 30 番目ぐらいであるといわれています。中国は海に接している地域（海岸線）は日本よりも少ないのですが，上述したように，海のゴミは陸から流れ込んでくるものが多く，中国の内陸で出された多量のプラスチックゴミが海に流れ込んで海のプラスチックゴミになるのです。

レジ袋などのプラスチックゴミは，海に漂っていると，ウミガメがクラゲと間違えて食べてしまい，お腹の中にプラスチックの袋が溜まって衰弱したり死亡したりしてしまうといった例が報告されています。また，プラスチック製の漁具や漁網が回収されずに海を漂い，生物に絡まって場合によっては死に至らせる，いわゆるゴーストフィッシングという事故も発生しています。

このように，プラスチックゴミは，生物による誤飲誤食，ゴーストフィッシングなどにより，海洋生物に被害を及ぼします。さらに，海の中で中途半端に分解されると，マイクロプラスチックと呼ばれる細かいプラスチックとなり，回収がほぼ不可能となって，環境中に残留し蓄積していくのです。

マイクロプラスチックとは，直径 5 mm 以下の小さなプラスチックのことを言います。なぜ直径 5 mm が基準になっているのかというと，後述するように，プラスチェックの製造材料になるペレットとよばれる小さな粒が，直径およそ 5 mm であることからです。

マイクロプラスチックには，大きく分けて，一次マイクロプラスチックと二次マイクロプラスチックがあります。

一次マイクロプラスチックは，小さな粒状として作られたプラスチックのことを指します。具体的には，洗顔料や化粧品，あるいは工業用の研磨剤などに使用されている，小さなビーズ状のプラスチック（スクラブ剤）がその例です。また，プラスチック製品を作る時にはレジンペレットと呼ばれる直径 5 mm ほどの小さなプラスチックの粒を材料とし，それを溶かしてプラスチック製品を作るというのが一般的なやり方ですが，このレジンペレットも一次マイクロプラスチックの代表例といえます。

一方，二次マイクロプラスチックとは，環境中に排出されたプラスチック製品が，紫外線などの外的な環境要因によって徐々に劣化し，粉々になってできた小さなプラスチックの粒のことを指します。プラスチックは紫外線や熱などによって劣化するので，海の中というよりは浜辺に打ち上がっているプラスチック製品の方が劣化しやすいと言えます。さらに陸上でも，農業に使うシートの破片や，衣類の洗濯・乾燥時に出る繊維クズ，人工芝がちぎれた断片など，二次マイクロプラスチックは実にさまざまなものから生じています。マイクロプラスチックは，今や海における問題ではなく，大気なども含めた地球全体に広がっている問題なのです。

こうしたマイクロプラスチックは，すでに多種の生物の体内から発見されています。例えば，東京湾のイワシから，イギリスの野生の貝やスーパーで売られている二枚貝から，さらにヒトの糞便からも，マイクロプラスチックは見つかっています。他にも，私たちが日々食卓で使用している塩は海水から作られているものが多く，こうした塩からもマイクロプラスチックが発見されているのです。

では，こうしたマイクロプラスチックが生物にどのような影響を与えるのでしょうか。

動物プランクトンが植物プランクトンと間違えてマイクロプラスチックを捕食すると，食物連鎖の過程を経て海の生物全体にマイクロプラスチックが蓄積されていくということになります。今のところ，生物体内に蓄積されたマイクロプラスチックによる明確な影響の報告はありません。しかし，例えば動物プランクトンや魚などがマイクロプラスチックを食べ，物理的に満腹になったとしても，プラスチックには栄養がないため，発育不良などを引き起こし死滅する可能性が考えられます。その結果として，生態系のバランスが崩れることも考えられます。

また，マイクロプラスチックの表面には有害物質がつきやすいと考えられています。第 9 章で詳しく説明しますが，内分泌かく乱化学物質（環境ホルモン）としても知られているポリ塩化ビフェニル（PCB）のような有害物質は油に溶けやすい性質があり，油に溶けやすい物質はプラスチックに吸着しやすいということが分かっています。そのため，マイクロプラスチックそのものが有害でないとしても，その表面に吸着している有害物質がマイクロプラスチックと一緒に生物の体内に取り込まれることで，何らかの影響がある可能性があります。さらに，プラスチックを製造する際にはさまざまな物質が使われますが，その中には有害な物質も含まれています。過去には，ある種のプラスチックの成分であるビスフェノール A が環境ホルモンとして問題になったこともあります。

さて，こうしたマイクロプラスチックに対して，私たちができる対策はどのようなことなのでしょうか。最初にも述べたように，マイクロプラスチックとして自然界に排出されてしまったものを回収するということはほとんど不可能です。そのためマイクロプラスチックとして環境中に排出される前に対策を取る，すなわち，一次マイクロプラスチックについては使用しない，二次マイクロプラスチックについては，小さく分解される前に回収する，プラスチックそのものが環境中に放出される前にきちんと回収する，ということが重要だと言えます。さらに，スクラブ剤や漁網などについては，プラスチック製のものを避け自然の素材を使用する，あるいは，環境中で分解される生分解性プラスチック製のものに代えていくといったことが必要であると言えるでしょう。

マイクロプラスチックに関して，もう少し説明を加えます。最近，マイクロプラスチックがさらに細かくなったものとして，ナノプラスチックとよばれるものが知られるようになってきました。ナノとは，マイクロの 1000 分の 1 の単位です。直径が nm（ナノメートル）のサイズのごく小さいマイクロプラスチックということになります。具体的にはどのくらいの大きさかというと，タンパク質分子などの大きさに相当します（図 7-9）。タンパク質分子など同じくらい小さなナノプラスチックは，私たちの体の奥深くにまで入り込んで蓄積するのではないかとも考えられています。

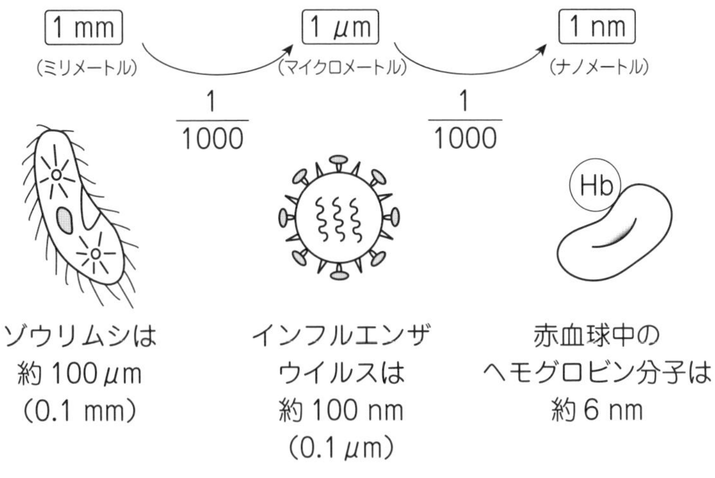

図 7-9　ナノというサイズのイメージ

マイクロプラスチックに関しては，今後調査や研究が進むとさらに深刻な問題提起がなされてくるであろうと言わざるを得ません。

ところで，日本では 2020 年 7 月 1 日からレジ袋の有料化が始まりました。レジ袋の有料化が導入された背景には，マイクロプラスチックを含めたプラスチックゴミの問題を少しでも改善に向かわせるという意図があります。私たちの生活に欠かせなくなっているプラスチックについて，これから私たちがどうつきあっていくべきなのか考えなければならない時に来ていると言えるのです。

7-8 海の新たな可能性

海の環境問題についてお話してきましたが，まだまだ未知の部分が多い海には，新たな可能性もたくさん秘められています。

特に深海にはまだ私たちの知らない，未同定の生物が多種存在していると考えられています。深海という，非常に大きな水圧がかかり，光が全く届かず，温度も低い，という特殊な環境に生息する生物には，陸上の生物にない新たな特徴や物質が秘められていると考えられます。今後，そうした深海生物から，新たな性質や有用物質を見つけ出し，医療や生活に利用していく試みが増えていくでしょう。

また，深海生物を漁業資源，食料資源として活用することも考えられています。

陸上をほぼ開拓し尽くした私たち人間にとって，これから海の環境を研究し，海の恵みを守りながら海を活用していくことが非常に大切なことであると言えるのです。

＜参考文献・参考サイト＞

環境省　海洋生物多様性保全戦略公式サイト
http://www.env.go.jp/nature/biodic/kaiyo-hozen/index.html

海上保安庁　管轄海域情報～日本の領海～
https://www1.kaiho.mlit.go.jp/JODC/ryokai/ryokai.html

外務省　わかる！国際情勢　Vol.61 海の法秩序と国際海洋法裁判所
https://www.mofa.go.jp/mofaj/press/pr/wakaru/topics/vol61/
「おもしろサイエンス　海の科学」 中原紘之他監修　日刊工業新聞社（2008）
環境省　自然環境局　日本の外来種対策
https://www.env.go.jp/nature/intro/index.html
気象庁　IPCC 第 5 次評価報告書
https://www.data.jma.go.jp/cpdinfo/ipcc/ar5/index.html
「海から見た地球温暖化」 JAMSTEC「Blue Earth」編集委員会　光文社（2008）
「温暖化で日本の海に何が起こるのか」 山本智之 著　講談社ブルーバックス（2020）
「追いつめられる海」 井田徹治 著　岩波科学ライブラリー　岩波書店（2020）
環境省　海洋ごみをめぐる最近の動向（平成 30 年 9 月）
https://www.env.go.jp/water/marirne_litter/conf/02_02doukou.pdf
「海洋プラスチック汚染」 中嶋亮太 著　岩波科学ライブラリー　岩波書店（2019）
「海洋プラスチックごみ問題の真実」 磯辺篤彦 著　DOJIN 選書　化学同人（2020）
「脱プラスチックへの挑戦」 堅達京子＋ NHKBS1 スペシャル取材班 著　山と渓谷社（2020）

8　免疫のしくみとアレルギー

ここからは，これまでと少し視点を変え，私たちの健康環境について見ていきましょう。

この章ではまず，免疫のしくみを確認し，アレルギーについて考えていきます。

8-1　免疫のしくみ

私たちの身の回りには，体に害を及ぼすたくさんの要因が存在しています。例えば，感染症の原因となる結核菌やペスト菌をはじめとする細菌，インフルエンザや新型コロナウイルスをはじめとするウイルスなどの病原体がその例と言えます。一方で，私たちの体には，そうした外敵（異物）から身を守るしくみも備わっています。

免疫とは，感染症（疫病）を免れるということから名づけられた体のしくみです。ここでは，免疫のしくみについて考えていきましょう。

8-1-1　生体防御機構

私たちの体には，病原体などの異物が体内に侵入しないように防いだり，体内に侵入した異物を排除したりするしくみである生体防御機構が備わっています。

異物から身を守るためには，まずその侵入を防ぐことが大切です。そこで，私たちの体には，物理的・化学的に異物の侵入を防ぐバリアとよばれる構造が備わっています（図 8-1）。食べ物

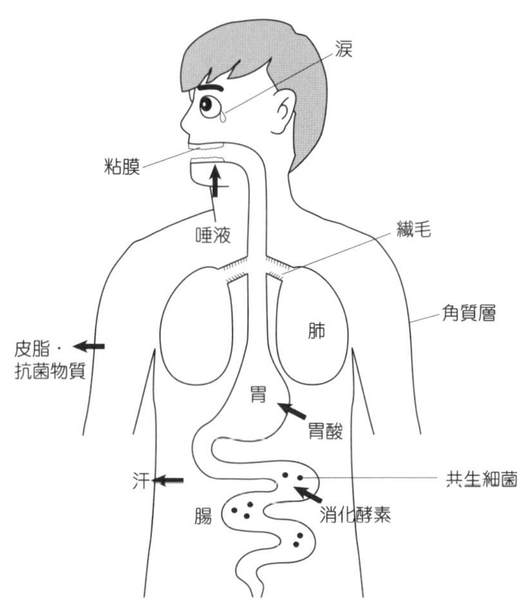

図 8-1　バリアによる防御の例

に細菌などが付着していたとしても，通常は唾液中の酵素，胃酸や胃の消化酵素などによって分解されます。これは化学的なバリアといえます。また，皮膚（角質層）や，鼻・口・腸管・気管などの内壁に存在する粘膜は，細菌やウイルスなどが体内に侵入しないように物理的に防いでいるバリアの一例です。

8-1-2　自然免疫

バリアは第 1 番目の生体防御機構として異物の侵入を防ぐ役割を果たしますが，異物がバリアを超えて私たちの体内に侵入してくることもあります。例えば，皮膚に傷がつくと，そこから細菌が体内に侵入することがありますが，そのようにバリアを超えて異物が体内に侵入した場合にはたらくのが免疫と呼ばれるしくみです。

免疫のうち，バリアの次にはたらく第 2 の生体防御機構は自然免疫とよばれる先天的に備わっている免疫のしくみで，クラゲやイソギンチャクなどのような比較的下等な動物から私たちヒトを含む脊椎（せきつい）動物まで広く見られます。

自然免疫は，白血球（好中球），樹状細胞，マクロファージといった食細胞の食作用によって担われています。体内に異物が侵入すると，上記の食細胞が異物の周りに集まり，食作用で細胞内に取り込んで消化することによって排除します（図 8-2）。異物が侵入した部位では毛細血管が拡張し血液量が増えるため，炎症が起こります。さらに，リンパ球の一種であるナチュラルキラー細胞（NK 細胞）も血流にのって移動し，ウイルスなどに感染した細胞を見分けて攻撃して排除します。

しかし，体内に侵入した異物が，自然免疫である食作用によって排除しきれなかった場合には，次に説明する第 3 の生体防御機構である適応免疫（獲得免疫）がはたらきだすことになります。

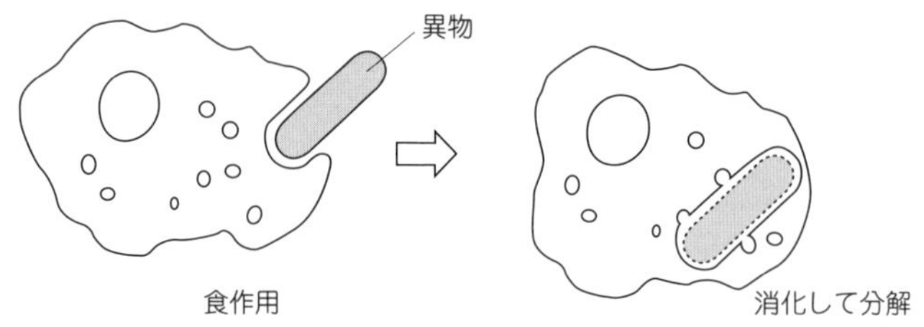

図 8-2　食細胞による食作用のしくみ

8-1-3　適応免疫：細胞性免疫と体液性免疫

適応免疫（獲得免疫）は，脊椎動物のみに存在する高度な生体防御機構で，後天的に異物に応じて形成されるしくみです。

適応免疫（獲得免疫）には細胞性免疫と体液性免疫の 2 種類があり，T 細胞と B 細胞とよばれる 2 種類のリンパ球が中心的な役割を果たします。適応免疫を作動させリンパ球によって特異的に排除される異物は抗原（antigen）とよばれます（図 8-3）。抗原として認識されるものとしては，細菌やウイルスのような病原体の持つタンパク質などの有機物や毒素，さらに，病原体の感染した細胞やがん細胞なども含まれます。

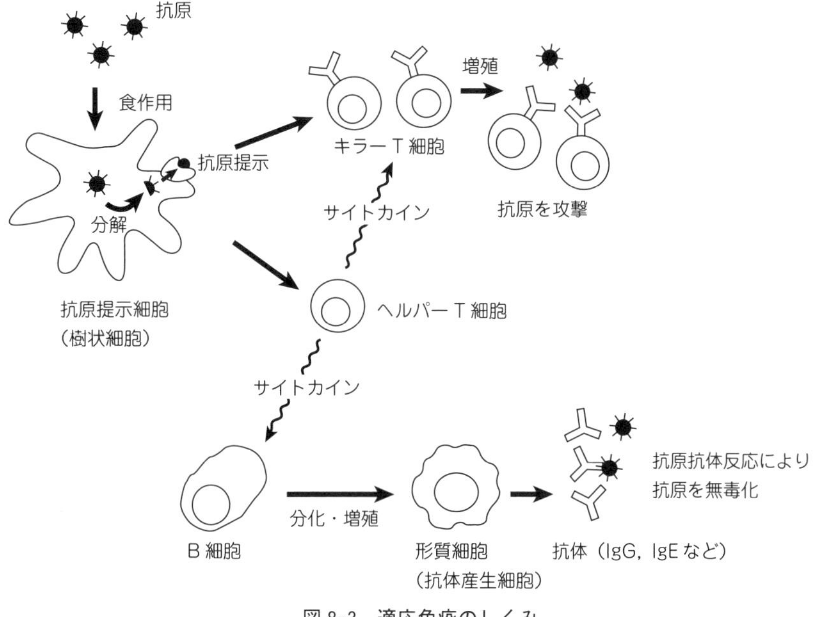

図8-3　適応免疫のしくみ

異物（抗原）が体内に侵入すると，樹状細胞やマクロファージなどが食作用で異物を取り込んで酵素作用で分解し，一部を細胞の表面に提示します（抗原提示）。T細胞には，キラーT細胞とヘルパーT細胞がありますが，個々のT細胞は，多様な抗原のうち一つのものを特異的に認識します。樹状細胞から抗原提示を受けると，提示された抗原と適合するT細胞だけが活性化されて増殖します。

細胞性免疫では，樹状細胞から抗原提示を受けたキラーT細胞が増殖してリンパ節から感染部位に移動し，認識した抗原をもつ病原体に感染した細胞を特異的に攻撃し，死滅させます。また，増殖したヘルパーT細胞は，感染部位に移動し，マクロファージを活性化させて食作用を促進します。また，ヘルパーT細胞は間接的にキラーT細胞を活性化する場合もあります。このように，感染細胞へのリンパ球による直接的な攻撃や，食作用の増強などを介した免疫反応が細胞性免疫です。

一方，ヘルパーT細胞は，リンパ節内でサイトカインを介してB細胞にも作用し，B細胞を活性化させます。活性化したB細胞は増殖して形質細胞（抗原産生細胞）へと分化し，形質細胞は抗体（免疫グロブリン；immunoglobulin）とよばれるタンパク質を生産し，体液中に放出します。抗体は血液にのって運ばれ，標的とする抗原と特異的に結合し（抗原抗体反応），抗原を無毒化します。このように，抗体を介した免疫反応を体液性免疫とよびます。

抗体は図8-4に示したように，2本の重鎖（H鎖）と2本の軽鎖（L鎖）からなる四量体でY字型の基本構造を持っています。Yの先端の部分が可変部分とよばれ，特定の抗原とのみ結合するようになっています。抗体は抗原が体内に侵入して免疫のしくみがはたらき出すことによって産生されますが，通常産生される抗体はIgGとよばれる抗体です。この抗体は胎盤を通過して母親から胎児にも供給されます。また，IgAは分泌抗体ともよばれ，涙や鼻水，母乳や粘膜などに分泌され，その場で局所的に抗原と結合し無毒化する役割を担っています（表8-1）。

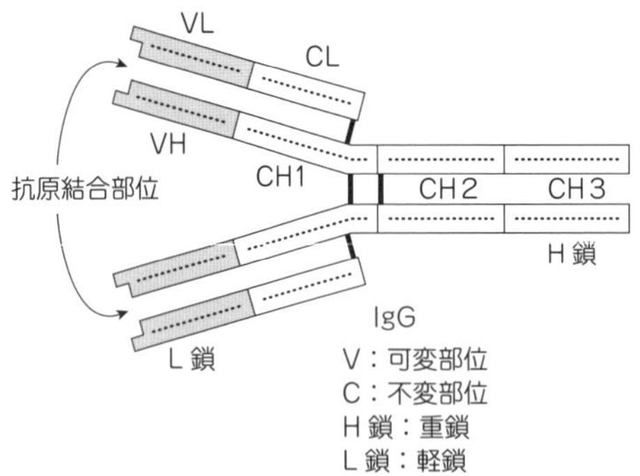

図 8-4　抗体の基本構造

表 8-1　抗体の種類と特徴

	IgG	IgA	IgM	IgD	IgE
四量体数	1	1（血管内） 2（分泌型）	5	1	1
重鎖のタイプ	γ鎖	α鎖	μ鎖	δ鎖	ε鎖
全抗体に占める割合	75%	15%	10%	0.2%	0.002%
主な特徴	・胎盤通過 ・補体活性化 ・血清中に長期間存在	・分泌抗体 ・局所感染への一次防御	・免疫応答の最初に作られる ・凝集反応	・機能は不明	・寄生虫に対応 ・アレルギー反応に関与

8-1-4　免疫記憶とワクチン

細胞性免疫でも体液性免疫でも，T細胞やB細胞の一部は記憶細胞として残り，再び同じ抗原が侵入すると一度目より早く強い免疫反応（二次応答）を示すことができます。このようなしくみを免疫記憶とよびます（図 8-5）。例えば，麻疹（はしか）に一度かかると，再度かかるということはほとんどありませんが，これは，麻疹に対する免疫記憶が形成され，再び麻疹ウイルスに感染した際に早く強い二次応答が起こり，発症を防ぐことができるためです。このような免疫記憶は，対応したことのある抗原に対してのみ形成され，違う抗原に対しては反応しません。麻疹にかかると麻疹に対する免疫記憶はできますが，水ぼうそうやおたふくかぜなど，他の感染症に対する免疫記憶は作られないということです。

免疫記憶のしくみを人為的に誘導する，すなわち体内で抗体や記憶細胞を作らせる手段がいわゆるワクチン（予防注射）とよばれるものです。ワクチンには大きく分けると生ワクチンと不活化ワクチンというものがあります。生ワクチンは弱毒生菌ワクチンとよばれるもので，弱毒化した菌やウイルスを接種します。麻疹や風疹，小児マヒや BCG（結核菌）などは生ワクチンです。一方，不

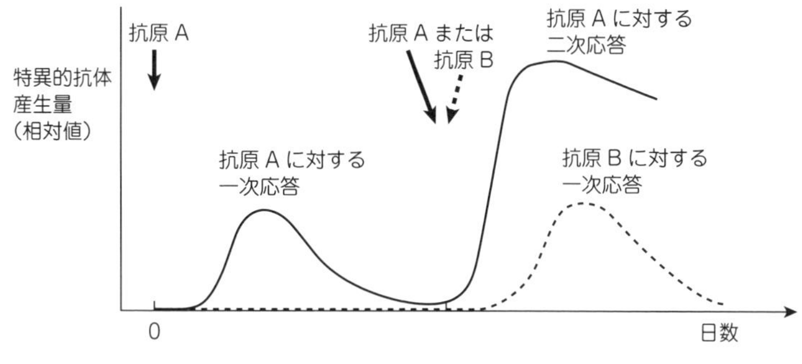

図 8-5　一次応答と二次応答

活化ワクチンは死菌ワクチンともよばれ，不活化した菌やウイルスあるいは菌の一部や毒素を接種して免疫記憶を誘導するという方法です。インフルエンザや日本脳炎，百日咳や狂犬病，あるいは子宮頸がん（HPV）や破傷風などはこの不活化ワクチンを用いています。この他に最近では新型コロナウイルスに対するワクチンとして，ウイルスの RNA（遺伝情報）を使う新たなワクチンも開発されてきました。

ところで，日本では乳幼児の時期から，いろいろなワクチンの接種を受けます。これまでどのようなワクチンを接種してきたか，また，どのような感染症にかかったかについては，母子手帳に記録することになっています。機会があれば，母子手帳を確認し，自分自身の感染歴やワクチン接種歴を把握しておくとよいでしょう。

8-2　自己免疫疾患

これまで述べてきたように，免疫は私たちの体を外敵から守るしくみです。しかし，免疫のしくみが時に体にとってマイナスの影響を及ぼしてしまうことがあります。その一つの例が，自己免疫疾患とよばれるものです。

免疫は本来，外敵である異物を認識して排除するしくみですが，何らかの理由で，自分自身（自己）の正常な細胞や組織に対して攻撃を加えてしまうのが自己免疫疾患です。研究が進んでいますが，原因についてはまだ完全にはわかっていません。通常は自分自身を攻撃する指令を出すヘルパー T 細胞が出現しても死滅するようにコントロールされていますが，そのコントロールがうまくいかないことが原因の一つとして考えられています。

自己免疫疾患の例としては，関節が痛む関節リウマチ，バセドウ病，I 型糖尿病，自己免疫性溶血性貧血などが知られています。

8-3　アレルギー

免疫が私たちの体にとってマイナスに働く例として，次にアレルギーについて詳しくお話しします。

8-3-1　アレルギー発症のしくみ

アレルギー（allergy）という言葉は，ギリシャ語の allos（変じた，おかしな）と ergo（作用，はたらき）という言葉を組み合わせて作られたものです。すなわち，免疫のしくみが通常と異なる変わった作用をするということになります。

アレルギーを発症する免疫学的なしくみは複数ありますが，私たちがアレルギーと言われてすぐ連想する花粉症やアトピー性皮膚炎など，アレルギーの多くには IgE 抗体が関わっています。8-1-2 で抗体について説明した際，通常作られるのは大部分が IgG であり，他に分泌抗体として IgA が作られると述べました。一方で IgE は通常はほとんど作られない抗体ですが，アレルギーの際，すなわち通常とは変わった作用の際にはたくさん作られることがあるのです。

アレルギーを引き起こす抗原のことを，特にアレルゲンとよびます。私たちの身の回りにはさまざまなアレルゲンが存在しています（表 8-2）。

表 8-2　身のまわりの代表的なアレルゲンの例

衣（接触性アレルゲン）	下着，靴下，化粧品，石けん，シャンプー，腕時計，眼鏡，イヤリング，ピアス，ネックレス，ラテックス（ゴム）
食（食餌性アレルゲン）	牛乳，卵，小麦，魚介類（サバ，カキなど），ソバ，大豆および大豆製品，果物（バナナ，ピーナッツなど），食品添加物
住（吸入性アレルゲン）	ダニ，ハウスダスト，カビ，ペットの毛
医療（薬剤性アレルゲン）	抗生物質（ペニシリン，セフェム系抗生物質など），ピリン系鎮痛剤，ワクチン
生活（吸入性アレルゲン）	花粉（スギ，ヒノキ，ブタクサなど），昆虫（ユスリカ，蛾，蝶など）

洋服などの接触性アレルゲンとしては，下着や靴下，その他に洋服ではありませんが時計やイヤリング，ピアスなどが挙げられます。時計やイヤリング，ピアスなどは金属で，分子としては小さいため，通常は抗原にはなりません。しかし，私たちの体のタンパク質などが金属と結合すると大きな異物の分子として認識され，アレルゲンとなる場合があります。

食物アレルギーをひき起こす食餌性アレルゲンとしては，卵，牛乳，小麦が代表的なものとなっています。症状をひき起こしやすいアレルゲンについては，現在 7 品目（卵，牛乳，小麦，ソバ，ピーナッツ，エビ，カニ）が特定原材料として食品表示法に則って加工食品などに表示することが定められています。

さらに住環境の中にも，ダニやハウスダスト，カビやペットの毛など様々なアレルゲンが存在します。他にも，抗生物質などの薬がアレルゲンになることもあります。

アレルゲンに対してアレルギーを発症するかどうかには個人差がありますが，その理由としては IgE の作られやすさやなどの遺伝的要因に加え，大気汚染などの環境要因が組み合わさって起こると考えられています。

図 8-6 は，アレルギーの中でもよく知られているアレルギー性鼻炎が起こるしくみを示したものです。8-1-3 でも述べたように，通常，抗原が体内に侵入すると抗原提示細胞がそれを分解してヘルパー T 細胞に情報を示し，ヘルパー T 細胞が B 細胞を形質細胞（抗体産生細胞）に分化させ，抗体を産生させて抗原を攻撃します。アレルギーの場合，抗原であるアレルゲンが侵入すると，

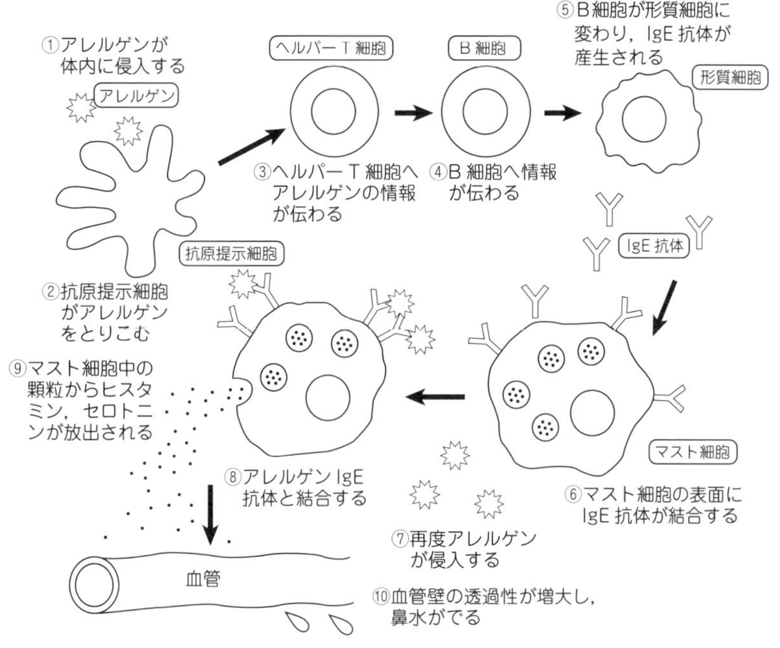

図8-6　アレルギー性鼻炎のおこるしくみ

同様のしくみがはたらき，ヘルパーT細胞がB細胞を形質細胞に分化させます。ところが，アレルギーの場合は，形質細胞が作る抗体は通常のIgGではなくIgEとなります。さらに，IgEはすぐに抗原であるアレルゲンを攻撃するのではなく，粘膜などに存在するマスト細胞（肥満細胞）とよばれる細胞の表面に付着します。そして，次にまた同じアレルゲンが侵入すると，マスト細胞に結合したIgEにアレルゲンが結合し，その刺激によって，マスト細胞からヒスタミンやセロトニンなどのような炎症物質が放出されます。その結果，血管から水分が染み出し，鼻水が出たり，発疹ができたり，下痢をしたりといったことが起こるのです。さらにこのアレルギー反応は免疫反応のため，免疫記憶のしくみがはたらきます。すなわち，同じアレルゲンが再度侵入すると，免疫反応がこれまでより早く強く起こるようになり，アレルゲンを取り込むたびにアレルギー症状は少しずつ重症化していくのです。

8-3-2　アレルギー・マーチ

アレルギー体質（アトピー素因）のある人にアレルギー性疾患が発症すると，その後，次々と他のアレルギーになりやすくなることが知られており，これをアレルギー・マーチとよんでいます。

アレルギーのうち，最初に発症するのは食物が原因となるアレルギーだと言われています。乳児期に牛乳や卵などの摂取により皮膚症状（アトピー性皮膚炎など）や消化器症状（下痢など）を発症するもので，発症年齢は低く，特に小さな乳幼児に多いアレルギーです。乳幼児に多い理由として，乳幼児は消化管に備わった免疫のしくみが未熟なためであると考えられています。

食べ物に含まれるタンパク質などの有機物は，消化酵素によってアミノ酸や糖などに分解され小さな分子になることにより，通常はアレルゲンとして認識されません。ところが，乳幼児期は消化のしくみが未熟で，タンパク質などが大きな分子のまま腸管から吸収され，アレルゲンとして認識されてしまうことがあるのです。また，腸管の粘膜にはIgAが存在し，腸管内に未消化の物質があるとその物質が体内に吸収される（侵入する）のを防ぐはたらきを持っていますが，乳幼児ではこのIgAを産生するしくみも未熟です。さらに，私たちの体には経口免疫寛容というしくみが備わっています。経口免疫寛容とは，口から摂取したものは食べ物と判断し，タンパク質であっても免疫が反応しないというしくみです。例えば，牛乳に含まれるタンパク質の一つであるカゼインは，牛乳として飲んだ場合は経口免疫寛容のしくみにより通常はアレルゲンにはなりませんが，注射で投与するとアレルゲンとなります。乳幼児ではこの経口免疫寛容のしくみが未熟なため，口から摂取したタンパク質などをアレルゲンとして認識してしまうことがあると考えられています。

また，最近，食物アレルギーは消化管経由だけでなく，皮膚を経由した経皮感作というしくみがあることもわかってきました。正常な皮膚はバリアの一つである角質により異物の侵入が防がれていますが（図8-1），アトピー性皮膚炎などにより皮膚のバリア機能が低下していると，アレルゲンが体内に侵入し，アレルギーが発症してしまうのです。

乳幼児期に食物アレルギーを発症してしまうと，その後，気管支喘息，アレルギー性鼻炎と，年齢と共に次々にアレルギーを発症することが多くなります。こうしたアレルギー・マーチの進行を早期の段階で防止することが，アレルギー疾患増加を防ぐために重要な点だということになります。

8-3-3　花粉症

花粉症とはアレルギー性鼻炎の一つです。アレルゲンとしてはスギ花粉が有名ですが，さまざまな花粉に反応してしまう人も多く，最近では一年を通じて発症する例も多くなってきています。スギ花粉症は1960年代から報告がありましたが，近年患者が増加し，現在では日本人の3～4人に1人は花粉症を発症しているといわれています。

花粉症が増加している原因として，花粉の飛散量が増えてきたということが挙げられています。日本では林業に携わる人が減り，スギの木の手入れが十分に行われないままスギが成長し，結果として，大量の花粉が環境中に放出されているのです。花粉症の対策例として，最近では花粉を作らないスギの開発などが進められてきており，徐々に現在のスギからの植え替えが進められています。

花粉症増加の原因としては，その他にも大気汚染物質が環境要因として花粉症の発症に影響していることが示唆されてきています。詳しくは次の9章でお話しします。

8-4　アナフィラキシーショック

食物アレルギーや花粉症など，アレルギーは不快な症状ではありますが，これまでは，基本的にアレルギーは死に至るような病気ではないと考えられてきました。しかし近年，アレルギー症状が原因で死亡する例が報告されています。アナフィラキシーショックとよばれるものです。

アナフィラキシーショックとは，アレルギー症状が非常に激しく短時間で引き起こされる状態を指します。アレルギー反応が急激に起こるため，血圧低下，呼吸困難，けいれんや意識障害，浮腫などが起こり，死に至るケースがあるのです（図8-7）。厚生労働省の調査によると，2012

図 8-7　アナフィラキシーショックの症状例

～2019 年のデータでは平均して年 60 人近くがアナフィラキシーショックにより亡くなっています。

アナフィラキシーショックを起こしやすいアレルゲンとして，食べ物では，卵，牛乳，ソバ，ピーナッツ，小麦粉，エビ，カニなど，食べ物以外では，ハチの毒，ある種の抗生物質，鎮痛剤の一種であるアスピリン，ラテックス（天然ゴム）などが挙げられています。また，アナフィラキシーショックは運動や疲れなどの二次的要素によって発症することもあると言われています。

アナフィラキシーショックは，子どもの発症例も多いと報告されています。原因となるアレルゲンを摂取して短時間のうちに発症するため，症状が現れたら迅速に対応し，救急車をよび医療機関に搬送するなどの対応をとる必要があります。アナフィラキシーショックについてきちんとした知識を持ち，症状が現れた場合は迅速かつ的確に対応できるよう備えておくことが望ましいと言えるでしょう。

<参考文献・参考サイト>

「好きになる免疫学　第 2 版」 萩原清文 著　講談社サイエンティフィック （2019）

「免疫系のしくみ　－免疫学入門－　第 4 版」 L.Sompayrac 著　桑田啓貴他訳 （2015）

「生命と環境」 林要喜知 他編著　三共出版 （2011）

厚生労働省　予防接種情報

https://www.mhlw.go.jp/stf/seisakunitsuite/bunya/kenkou_iryou/kenkou/kekkaku-kansenshou/yobou-sesshu/index.html

日本アレルギー学会・厚生労働省　アレルギーポータル

https://allergyportal.jp/

国立成育医療研究センター　病気に関する情報　アレルギー

https://www.ncchd.go.jp/hospital/sickness/allergy/

9 生活環境中の化学物質

この章では，生活環境中の化学物質について説明します。

9-1 生活環境中の化学物質とリスク

私たちは生活の中で非常にたくさんの化学物質を利用しています。化学物質は現在も新たなものが開発されており，これまでに開発された化学物質の数は１億種以上にのぼり，私たちは日々の生活の中でそのうちの数万種類を使っていると言われています（図 9-1）。化学物質というと，洗剤や農薬のようなものを想像するかもしれませんが，それ以外に，食品や化粧品，医薬品などにも化学合成された化学物質が使われています。こうした化学物質は，利点があるため広く利用されていますが，もちろん危険性（リスク）もあります。

有害な物質に曝露（ばくろ）してすぐに現われる毒性を急性毒性とよびます。また，急性毒性は示さない濃度の有害な物質に長時間曝露することによって現われる毒性を慢性毒性とよびます。化学物質のリスクは，その物質の有害性とその物質をどのぐらい体に取り込むかという曝露量の積（かけ算）によって決まります。そのため，急性毒性を示すような有害性の高い毒物であっても，体に取り込まなければ曝露量は０となり，かけ算をするとリスクはないことになります。一方，急性毒性を示さない低濃度の毒物，あるいはもともと毒性が低い物質を摂取した場合，すぐに毒性は現れませんが，長期間ずっと摂取することにより慢性毒性が現われることがあります。すなわち，毒性が強い物質だから危険というわけではなく，総合的にみてリスクがどの程度あるか，ということを検討することが重要なのです。

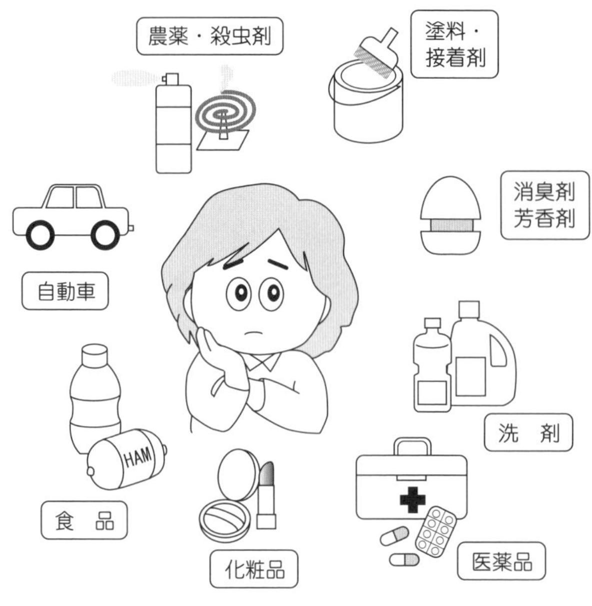

図 9-1　身のまわりにある化学物質の例

9-2 内分泌かく乱化学物質（環境ホルモン）

内分泌かく乱化学物質とは，内分泌（ホルモン）のはたらきに影響を与え，生体に傷害や有害な影響を引き起こす外因性の化学物質のことを指します。生体内のホルモンのようなはたらきをする環境中の物質ということで，環境ホルモンとよばれることもあります。

内分泌かく乱化学物質は油に溶けやすく，生物の体内に蓄積しやすい性質を持っています。その結果，2-1 で述べた食物連鎖の過程で生物濃縮されていきます。また，ホルモンはもともと生体内で微量でもさまざまな機能を果たしますが，内分泌かく乱化学物質も同様に，微量でも作用し，長期間摂取することにより生物に影響を与えることがわかっています。

内分泌かく乱化学物質のリスクを世界で初めて警告したのがレイチェル・カーソンです。カーソンは「沈黙の春（Silent Spring）」（1962 年）という著書の中で，当時広く使われていた農薬 DDT などが生物に及ぼす影響を指摘しました。当時は農薬製造を行っている化学会社などから大きな反論がありましたが，その後，彼女の指摘が正しいことが明らかになったのです。また，1996 年には，シーア・コルボーンらが，生活環境中の化学物質が生物に影響を及ぼすということを指摘した「奪われし未来（Our Stolen Future）」を出版しました。この本では，農薬以外の化学物質も，生物に取り込まれることによってさまざまな影響を引き起こすことが報告されています。

実際に，どのような化学物質が内分泌かく乱化学物質として影響を及ぼすのかについて，いくつか代表的な例を以下に紹介します。

9-2-1 DDT

カーソンが影響を指摘した DDT（ジクロロジフェニルトリクロロエタン）は，殺虫剤として開発された有機塩素系の化学物質で，第二次世界大戦前後には，発疹チフスやマラリアのように衛生害虫（ヒトや家畜の疾病に関係する害虫）によって媒介される伝染病の予防に大きな役割を果たしました。開発者のミュラー博士はその功績により 1948 年にノーベル生理学・医学賞を受賞しています。

その後，DDT は農薬としても広く使用され，さまざまな害虫に効く，分解されにくく長期間効果が持続する，という性質が利点とされました。しかし，さまざまな害虫に効くということは，さまざまな生物に影響を及ぼす可能性があるということであり，分解されにくいということは環境中に長く残留するということになります。事実，DDT は長期間にわたり，生態系に大きな影響を与えてきました。

DDT は生物への影響が問題となり，日本では 1971 年に販売が禁止され，世界でも 2000 年までに先進国を中心に 40 ヵ国以上で使用が禁止・制限されました。一方で，マラリアが猛威を振るう一部の途上国などでは，その制圧のために現在も使用が認められています。

9-2-2 PCB

PCB（ポリ塩化ビフェニル）も内分泌かく乱化学物質として有名な物質です。

PCB は化学的に合成された油状の有機塩素化合物です。無色透明で，耐熱性，不燃性，電気絶縁性が高いなど優れた性質を持つ安定な化学物質であるため，変圧器やコンデンサーなど電気機器の絶縁油などに広く使用されてきました。

1972 年に世界的に製造や使用が禁止され，現在では新たな生産は行われていません。しかし，現在もまだ PCB を使用した変圧器やコンデンサーなどの機器が使い続けられており，また，保管中の PCB が不明になる，あるいは適切に処理されずに廃棄される，といった問題も発生しています。

9-2-3　その他の内分泌かく乱化学物質

ビスフェノール A も内分泌かく乱化学物質として注目された物質の一つです。主に，ポリカーボネートやエポキシ樹脂とよばれるプラスチック製品の原料に使われていました。ポリカーボネートは透明で熱に強く，ガラスと違って壊れにくいということから，哺乳瓶などを含む食器類にも使用されていました。それらのプラスチック製品には製造過程で反応しなかったビスフェノール A が残留し，ごく微量ですが溶け出して影響を及ぼす可能性が示唆されました。

他にも，ノニルフェノールという界面活性剤の一種，フジツボなどの付着を防ぐ船底塗料に含まれる TBT（トリブチルスズ），合成女性ホルモンで流産防止剤として使用されたジエチルスチルベストロール（DES）なども，内分泌かく乱化学物質の作用があることが分かっています。

また，9-3 で説明するダイオキシンも内分泌かく乱化学物質の一つに数えられています。

9-2-4　内分泌かく乱化学物質の作用

内分泌かく乱化学物質は上述したように油に溶けやすく，生物の体内に蓄積し，食物連鎖の過程で生物濃縮されていきます。そのため，例えば水中で低濃度であっても，植物プランクトンや海藻などが体内に取り込み，動物プランクトンや魚介類がそれらを捕食し，食物連鎖のゴールにいる高次消費者の中では，最終的に水中の濃度に比べてはるかに高濃度の内分泌かく乱化学物質が蓄積するとことになるのです（図 9-2）。

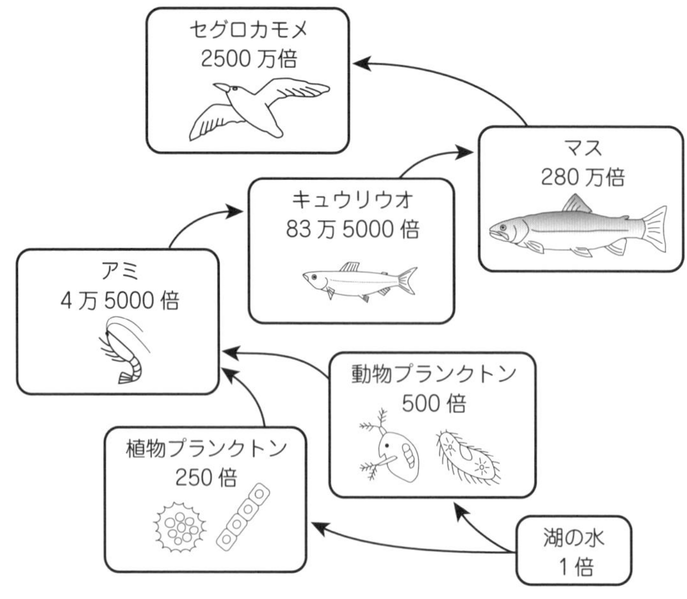

図 9-2　オンタリオ湖における PCB の生物濃縮

シーア・コルボーン他著「奪われし未来」（翔泳社）をもとに作成。

表 9-1 内分泌かく乱化学物質が野生生物の生殖に関する影響例

生 物		推定される物質	主な影響
貝 類	イボニシなど	TBT 他	メスの雄性化
	アワビ類	TBT 他	メスの雄性化
魚 類	ローチ（コイ科）	ノニルフェノールなど	オスの雌性化
	サケ	PCB 他	甲状腺機能異常
爬虫類	ワニ	DDT 他	オスの脱雄性化
鳥 類	セグロカモメ	PCB 他	甲状腺機能異常
哺乳類	アザラシ類	PCB	雄性生殖器疾患など
	ヒツジ	植物エストロゲン	不妊など

内分泌かく乱化学物質が野生生物に及ぼす影響としてはさまざまな例が報告されています（表 9-1）。例えば船底塗料である TBT は，イボニシという貝に影響を与え，メスを雄性化させるという現象が報告されています。その結果，オスとメスの比率が崩れ，個体数が減ってしまうのです。

それ以外にも，内分泌かく乱化学物質の影響として，魚類，爬虫類，鳥類，哺乳類など高次消費者の生物たちについて，オスの雌性化・脱雄性化，甲状腺機能や免疫機能の低下，卵の孵化（ふか）率の低下などが報告されており，生物の生存や生殖活動を脅かしていることがわかります。

内分泌かく乱化学物質の作用は，体内のホルモンのはたらきに影響を与えることによって引き起こされると述べました。具体的には，細胞にあるホルモンの受容体に結合し，あたかもホルモンが結合したようにはたらく，あるいはその反対に，ホルモンの受容体に結合することで，本来のホルモンが結合できず，ホルモンのはたらきを阻害することで影響を及ぼす，という二通りのしくみが考えられています（図 9-3）。いずれにしても体の中のホルモンのはたらきをかく乱するのが，まさに内分泌かく乱化学物質ということになるのです。

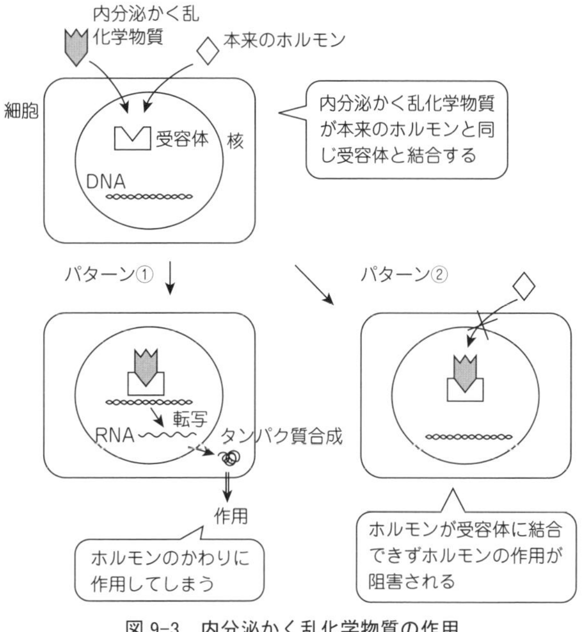

図 9-3 内分泌かく乱化学物質の作用

9-3 ダイオキシン

ダイオキシンとは，塩素（Cl）を含む物質を燃やすことによって発生する物質です。一つの物質を指すのではなく，いくつかの特徴を併せ持った物質をまとめてダイオキシンとよんでいるため，ダイオキシン類とよぶのが正しいと言えるでしょう。

ダイオキシン類には，ポリ塩化ジベンゾパラジオキシン（PCDDs），ポリ塩化ジベンゾフラン（PCDFs），コプラナーポリ塩化ビフェニル（コプラナー PCBs）と呼ばれる 3 種類のグループがあります（図 9-4）。いずれもベンゼン環とよばれる構造が基本となり，ベンゼン環を構成する炭素に塩素が結合するという構造をとっています。ベンゼン環の炭素には 1，2，3・・・と番号が振られており，そのうちのどの炭素に塩素がつくかによって，性質すなわち毒性が変わります。ダイオキシン類の中で最も毒性が強いのは，PCDDs のベンゼン環の 2，3，7，8 という 4 つの炭素にそれぞれ塩素が結合したもので，2,3,7,8- 四塩素ジベンゾパラジオキシン（TCDD）とよばれる物質です。TCDD は無色の固体で，水に溶けにくく蒸発しにくい物質です。水には溶けにくいですが，油（脂肪）には溶けやすく分解しにくいため，9-2 で述べた DDT や PCB と同じ特徴を持ち，環境中に長く留まり，生物の体内に蓄積するのです。TCDD が毒物としてどのぐらい毒性が強いかというのを示したのが表 9-2 です。TCDD は私たち人間が化学的に合成した物質の中で最強の毒物といわれており，猛毒と言われるサリンやシアン化ナトリウム（青酸ソーダ）よりもはるかに毒性が高い物質です。

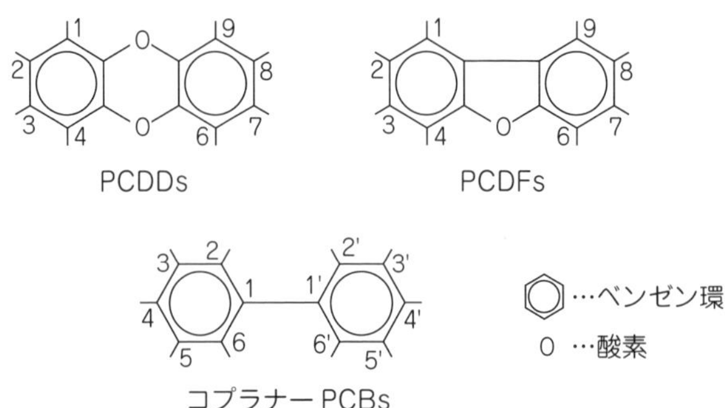

図 9-4 ダイオキシン類の基本構造

関係省庁共通パンフレット ダイオキシン類，2012 をもとに作成。

表 9-2 主な毒物の急性毒性

毒 物	LD_{50}(μg/kg)※	備 考
パリトキシン	0.15	マウスに投与
TCDD	0.6	モルモットに経口投与
テトロドトキシン	8	マウスに投与
サリン	17	ウサギに投与
ミクロシスチン -LR	50	マウスの腹腔に投与
シアン化ナトリウム	2200	ウサギに投与

※ LD50 とは，投与した動物の半数が死ぬ物質の量。動物の体重（kg）あありの量で示す。

別冊化学「環境ホルモン＆ダイオキシン」（化学同人）をもとに作成。

ところで，TCDDより毒性が強い毒物として，表にはパリトキシンという物質が挙げられています。パリトキシンはイワスナギンチャク類というイソギンチャクが作る毒です。また，テトロドトキシンはフグの毒ですが，ヒョウモンダコなどフグ以外の生物も保持している毒です。さらに，ミクロシスチンは6-4-2の水質汚濁の話でふれたアオコの原因となる植物プランクトンが作り出す毒です。このように，生物がつくる毒の中には，毒性が非常に高く注意が必要なものが存在しています。

さて，ダイオキシンは猛毒ですが，ごく微量を摂取した場合は急性毒性の症状が出ないまま体内に蓄積されていきます。その結果，長い時間が経ってから慢性毒性として生物に影響を及ぼすことがわかっています。

ダイオキシンの被害例としては，ベトナム戦争の枯れ葉剤の影響が挙げられます。ベトナム戦争とは，第二次世界大戦後の冷戦下，南北に分断されていたベトナムにおいて始まった戦争で，1975年まで続きました。アメリカが南ベトナムを支援し，1962～1971年にかけてアメリカ軍は枯れ葉剤という薬剤を散布しました。敵対する北ベトナムの軍勢が潜む熱帯雨林を枯らすことが目的だったと言われています。最も大量に用いられたのはオレンジ剤と言われる枯れ葉剤でしたが，その中に製造過程の不純物としてダイオキシンが混入していました。枯れ葉剤を浴びた（被曝した）北ベトナムのタンフォン村（現在のハイフォン市）では，南ベトナムのホーチミン市（非被曝群）と比較して，明らかに生殖障害が多数発生していることがわかっています（表9-3）。被曝群では先天奇形や死産，流産，胞状奇胎といった異常が多数見られています。先天奇形としては，無脳症や手足の奇形，さらに二重胎児という体の一部が結合したまま生まれてくる子どもが何例も報告されており，1988年に日本で分離手術を受けたベトちゃんドクちゃんという双子の兄弟もその一例です。ところで，二人は1981年に生まれていますが，枯れ葉剤が散布されたのは上述したように1962～1971年，すなわち二人が産まれる10年近く前です。二人を産んだ母親は枯れ葉剤を直接被曝したわけではなく，戦争後に被曝地域に移住してきたとされています。おそらく，環境中にダイオキシンが分解されないまま残存し，水や作物などを通して母親の体内に蓄積して影響を及ぼしたと考えられます。

ダイオキシンの影響はベトナム戦争から50年近く経った現在の世代でも生殖障害などの形で見られています。ダイオキシンが現在も環境中に残存している，あるいは，ダイオキシンが

表 9-3 枯葉剤による生殖障害の発生状況

生殖障害の種類	生殖障害発生率（%）		
	北ベトナム タンフォン村（ハイフォン市）	南ベトナム ホーチミン市	
	被曝群（7327例）	被曝群（294例）	非被曝群（6690例）
先天奇形	1.11%	5.44%	0.43%
死 産	0.81%	0.34%	0.03%
流 産	8.01%	16.67%	3.63%
胞状奇胎	0.74%	3.74%	0.39%
出産異常	12.47%	26.19%	4.65%

ダイオキシン（岩波新書）をもとに作成。

DNAに何らかの影響を及ぼしている（DNAに傷をつける，エピジェネティックとよばれる発現の変化を引き起こしている，など），といった可能性が示唆されていますが，はっきりした原因はまだわかっていません。

9-4 化学物質とアレルギー

化学物質はアレルギー症状を悪化させるという報告もあります。

例えば，スギ花粉症を例にとると，自然豊かな山の空気の中で多量のスギ花粉を取り込んでも花粉症にならなかったのに，都会で大気汚染物質が含まれる空気中の少量のスギ花粉を取り込んだ結果スギ花粉症になる，といった例が報告されています。

アレルギー発症にはさまざまな要因が関与していますが，環境因子もその一つです。動物実験では，ディーゼル排気微粒子（DEP）とよばれるディーゼル車などから排出される大気汚染物質を与えた場合に，アレルギー反応が増幅されることが報告されています。また，プラスチックの可塑剤で環境ホルモン作用が疑われているフタル酸ジエチルヘキシル（DEHP）という化学物質も，アトピー性皮膚炎を悪化させるという報告があります。

このように，化学物質はアレルギーを増強する作用もあることがわかってきています。

9-5 化学物質過敏症

化学物質過敏症とは，何らかの化学物質に大量に曝露される，あるいは微量でも繰り返し曝露された後に発症する症状を言います。

化学物質過敏症は，室内で発生した化学物質による室内空気汚染が主な原因と言われています。家の中で発生する化学物質が原因の場合はシックハウス症候群，オフィスや学校などの建物内で発生する化学物質が原因の場合はシックビル症候群とよぶこともあります。新築や改築の際には，建材や塗料，接着剤などから化学物質が発生することが多く，原因となる化学物質として，建材などの接着剤に含まれるホルムアルデヒドや，揮発性有機化合物（VOC：Volatile Organic Compound）などが知られています。VOCとは，トルエン，キシレン，ベンゼンあるいはクロルピリホスなどといった物質で，揮発性が高く気体となって体内に取り込まれやすい物質です。こうした化学物質が体内に取り込まれ，蓄積されていった結果，一定の許容量を超えたところで突然，化学物質過敏症が発症すると言われています。

9-5-1 化学物質過敏症の症状

化学物質過敏症は当初，疾患として把握するのが難しいと言われてきました。通常，疾患には特徴的な症状，例えば，インフルエンザの場合は熱や咳，筋肉痛などがあります。しかし，化学物質過敏症の症状は実に多岐にわたるのです。図9-5にあるように，頭が痛い，目が痛い，顔がほてる，耳鳴りがする，のどが詰まる，息苦しい，汗をかく，手足の先がしびれる，下半身が冷える，など，その症状はさまざまで，これが化学物質過敏症の症状であるという特徴的な症状がないため，疾患として診断するのが非常に難しいのです。最近になって，急に視力が落ちる，ものが見えにくくなる，といった目の不調が化学物質過敏症の症状として特に現われやすいということがわかってきています。

図 9-5　化学物質過敏症の症状例

生命と環境（三共出版）を一部改編。

9-5-2　化学物質過敏症の原因物質

化学物質過敏症の原因となる化学物質としては，上述したホルムアルデヒドやVOCの他にも，さまざまなものがあります。

中でも原因として考えられるのは農薬です。農家で大量に農薬を散布する地域では，散布時期に中学生の視力が下がるというようなデータもあります。しかし，周辺に農地がなくても，実は私たちの生活の中ではさまざまな農薬が使われているのです。園芸用に販売されている害虫駆除剤，雑草を枯らす除草剤などはその例です。また，夏場などに家庭でよく使われる蚊取り線香にもピレスロイド系殺虫剤とよばれる農薬が使われています。気密性の高い住宅で，夜間窓を閉めて蚊取り線香や蚊取りマットを使うと，こうした物質が部屋の中に充満することになります。さらに，新築の住宅などではシロアリ駆除剤が使われることがありますが，このシロアリ駆除剤も殺虫剤であり，化学物質です。ちなみに，衛生害虫であるゴキブリはシロアリの仲間であり，シロアリ駆除剤を使用するとゴキブリにも効果があります。

また，9-1のはじめに，化学物質は食品にも添加物などとして使用されていると述べましたが，保存料や着色料，人工甘味料など，さまざまな食品添加物も化学物質過敏症の原因となり得ます。第11章でも触れますが，ポストハーベスト農薬という農薬も，食品添加物としての使用が許可され，輸入柑橘類などに使用されている化学物質です。

さらに，衣類の染色・防臭・抗菌・防虫・防炎などの加工に使用されているのも，ほとんどが化学物質です。ドライクリーニングで使用される有機溶剤も化学物質です。それ以外にも，車の排気ガスや工場からの排煙，タバコの煙などに含まれる大気汚染物質も化学物質です。

私たちの生活環境には，このように，おびただしい種類の化学物質が存在しています（図9-6)。最近の住宅は，エネルギー効率を上げるため，断熱性・密閉性の高いものになっています。

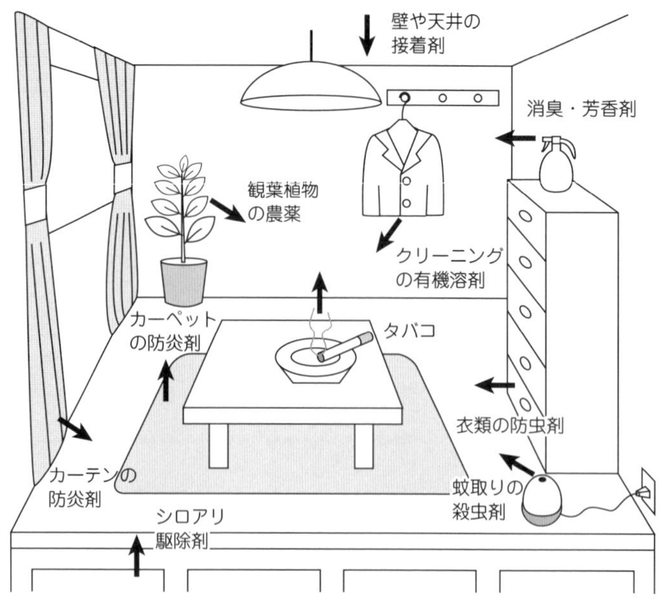

図 9-6　室内での化学物質発生源の例

新型コロナウイルスの感染防止対策の一つとして換気が推奨されていますが，化学物質過敏症を防ぐためにも，換気は非常に重要であると言えます。

9-5-3　化学物質過敏症の治療と対策

アレルギーについては，近年，原因となるアレルゲンを特定し，治療する方法が考えられてきていますが，化学物質過敏症には，残念ながら現状では有効な治療法はありません。そのことが，化学物質過敏症がアレルギーより問題であると言われる点です。

化学物質過敏症の治療が難しい大きな原因として，一旦化学物質過敏症を発症すると，その後は原因物質以外の化学物質に対しても症状が出ることが多い点があげられます。これを多種化学物質過敏状態（Multiple Chemical sensitivity : MCS）とよびます。アレルギーの場合，例えば卵アレルギーの人は原因となる卵に気を付けていれば，基本的にアレルギー発症を抑えることができます。しかし，MCS の場合，例えばホルマリンが原因で化学物質過敏症になったとしても，発症後は洗剤中の化学物質にも，食品中の化学物質にも反応する，というように，化学物質全般に対して反応が出てしまうという例が多いのです。私たちの生活環境では，身の回りに化学物質がない状況を作るのはほぼ不可能であるので，MCS になってしまうと，日常生活そのものが難しくなってしまうのです。

このように，原因物質がさまざまになってしまうため，アレルギーと違い，化学物質過敏症については治療が難しいのです。また，図 9-5 で示したように，症状も多岐にわたるため，対症療法を考えることも難しくなります。

このような状況から，化学物質過敏症については，発症を予防するということが一番重要だと言えます。発症を予防するためには，生活の中で，体内に取り込む化学物質の量を少しでも減らすことが何よりも重要です。化学物質は便利ですが，必要以上に化学物質を取り込むような生活は避けることが望ましいと言えるのです。

もし発症してしまった場合には，体に蓄積された化学物質を少しずつでも体外に排出することが重要です。具体的には，化学物質のない清浄な空気の中で，運動などで汗をかいて化学物質を体から出すといった方法が挙げられます。

9-6 エコチル調査

現在，私たちの生活環境の中では，化学物質は必要不可欠なものになっています。しかし，これまで述べてきたように，化学物質は私たちの健康などに影響を与えていることもわかってきています。公害などのような明らかな環境汚染は軽減されてきたものの，近年，私たちを取り巻く社会環境・生活環境が大きく変わってきた中，改めて，化学物質によるリスクが増大しているのではないかという点が注目されるようになってきました。

中でも，化学物質が子どもの成長・発達などに影響を及ぼすのではないかという点について，国内外で大きな関心が集まっています。9-2 で紹介した内分泌かく乱化学物質について，当時，人間にも影響を及ぼしているのではないかということで，世界的に注目され多くの研究も行なわれました。しかし，動物などに見られた影響に比べ，人間には予想したほどの大きな影響はないという報告が出るにつれ，危険性に対する注目が失われていったのです。それでも，もしかすると小さな子どもや，母親のお腹の中にいる胎児などには影響があるかもしれないということは，ずっと指摘され続けてきました。例えば，日本では近年，喘息やアトピー性皮膚炎のようなアレルギーが増加しているという報告があります（図 9-7）。また，出生時の体重の減少や男女比の変化（女児の増加），先天奇形や発達障害などが増加している，といった報告もあります。そうした傾向に，生活環境中の化学物質が影響しているかもしれませんが，一方で，運動・食事などの生活習慣，遺伝的な性質，社会環境などの変化が原因となっているとも考えられます。そのため，それらの要因をきちんと調べ，環境中に存在する化学物質が本当に関係しているのかどうか，

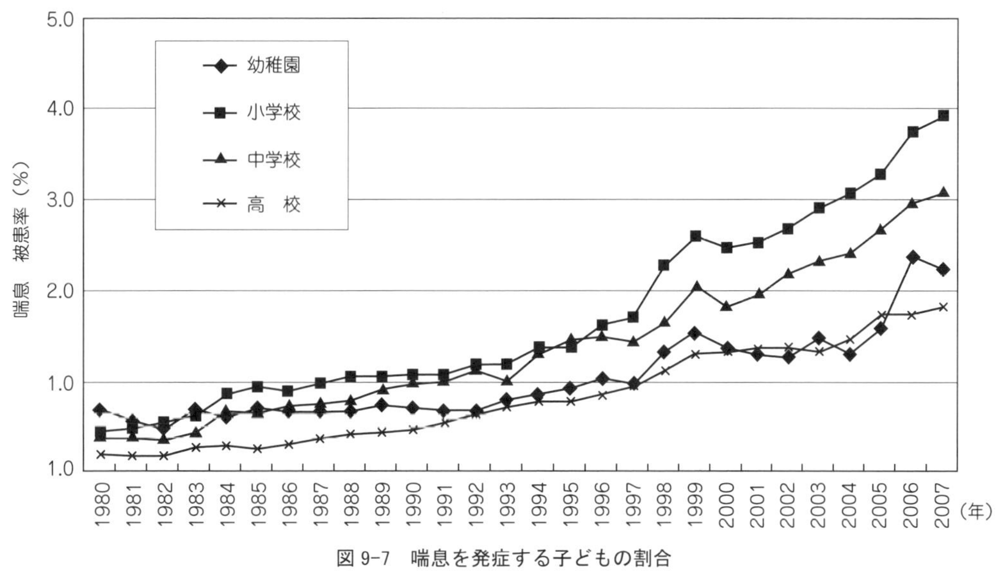

図 9-7　喘息を発症する子どもの割合

子どもの健康と環境に関する全国調査（エコチル）仮説集（平成 22 年 3 月環境省）をもとに作成。

時間をかけて詳細に調べてみようという取り組みが，環境省が中心となって開始されています。

正式な名称は「子どもの健康と環境に関する全国調査」というもので，エコ（環境）とチルドレン（子ども）を組みあわせ，簡易的にエコチル調査とよばれています。この調査は日本で10万組の親子への大規模な疫学調査として，2010年度から開始されています。胎児期から13歳になるまで，定期的に調査を行い，環境要因が子どもたちの成長や発達にどのような影響を与えるのかを明らかにするというものです。

具体的には，胎児期から小児期の子どもに対する化学物質曝露をはじめとする環境要因が，先天奇形の発生，精神神経発達障害，アレルギーの発症，代謝内分泌系の異常（肥満や糖尿病の発症）などに影響を与えている可能性を検討するものです。環境要因以外にも，遺伝的要因，社会要因，生活習慣要因などさまざまな要因について幅広く調べて，関係を検討していきます。

精神神経発達に化学物質が影響を及ぼす可能性がある理由の一つとして，胎児や新生児は血液脳関門とよばれる構造が十分に機能していないということがあります。脳は酸素や栄養分を大量に必要とし，流れる血液が多いので，血液中のさまざまな物質の影響を受ける可能性も高くなります。そのため，脳に入る血管には血液脳関門とよばれる関門があり，血液を介して脳に入る物質を選別する機能が備わっているのですが，胎児や新生児はこの機能が不十分であり，化学物質が脳の中に入って影響を及ぼしやすいと考えられているのです。

また，喘息，アトピー性皮膚炎などのアレルギー疾患は近年増加傾向にあり，発症年齢は低下傾向にあります。前述したように，化学物質はアレルギーとの関わりを持っていると考えられるため，このような傾向が化学物質によるものかどうか検討が進められているのです。一方で，アレルギー疾患の増加が住居環境の変化などによる可能性もあるため，化学物質以外の要因も併せて調査し，総合的に判断をすることになっています。

エコチル調査は2010年度に始まっていますが，その年度にすべての対象児を決めているわけではありません。数年にわたって協力してくれる対象児を選び，その後13歳までフォローアップしていくことになっているため，結果をまとめた最終評価は2032年度に行われる予定となっています（図9-8）。

これまで述べてきたように，私たちの生活環境で欠かせなくなっている化学物質は，便利な一

図9-8　エコチル調査のロードマップ

環境省　子どもの健康と環境に関する全国調査，エコチル調査，HPより。

面も多々ある一方で，私たちの体や健康に影響を及ぼしている場合もあります。私たちはこれから化学物質とうまく付き合っていくということが大切だと言えるのです。

<参考文献・参考サイト>

「沈黙の春」　レイチェル・カーソン 著　青木簗一訳　新潮文庫（1974）

「奪われし未来」　シーア・コルボーン 他著　長尾力訳　翔泳社（1997）

「メス化する自然　環境ホルモン汚染の恐怖」　デボラ・キャドバリー 著　古草秀子訳　集英社（1998）

「地球をめぐる不都合な物質」　日本環境化学会 編著　講談社ブルーバックス（2019）

地方独立行政法人　大阪健康安全基盤研究所　有機塩素系殺虫剤 DDT の歴史と未来
http://www.iph.osaka.jp/s010/030/020/040/010/20180107112000.html

農薬工業会　教えて！農薬 Q&A　Q. DDT はもう使われていないのですか。
https://www.jcpa.or.jp/qa/a5_14.html

環境省　ポリ塩化ビフェニル（PCB）早期処理情報サイト　PCB とは？なぜ処分が必要か？
http://pcb-soukishori.env.go.jp/about/pcb.html

厚生労働省　ビスフェノール A についての Q&A
https://www.mhlw.go.jp/topics/bukyoku/iyaku/kigu/topics/080707-1.html

環境省　ダイオキシン類対策
http://www.env.go.jp/chemi/dioxin/

国立環境研究所　環境儀　創刊号　環境中の「ホルモン様化学物質」の生殖・発生影響に関する研究（2001）
https://www.nies.go.jp/kanko/kankyogi/01/1.pdf

「ダイオキシン」　宮田秀明 著　岩波新書（1999）

「別冊化学　環境ホルモン＆ダイオキシン」「化学」編集部　化学同人（1998）

東京都福祉保健局　室内環境保健対策　シックハウス FAQ
https://www.fukushihoken.metro.tokyo.lg.jp/kankyo/kankyo_eisei/jukankyo/indoor/sickhouse_faq/index.html

NPO 法人　化学物質過敏症支援センター
http://www.cssc.jp/cs.html

環境省　子どもの健康と環境に関する全国調査　エコチル調査
https://www.env.go.jp/chemi/ceh/

「生命と環境」　林要喜知 他著　三共出版（2011）

「化学物質過敏症」　柳沢幸雄 他著　文春新書（2002）

「化学物質過敏症対策」　宮田幹夫 監修　緑風出版（2020）

「発達障害の原因と発症メカニズム」　黒田洋一郎 他著　河出書房新社（2014）

10 新興感染症とパンデミック

私たちの身の回りには，一部の化学物質だけでなく体に害を及ぼす要因が他にもいろいろ存在しています。

ここでは，そうした要因のうち，感染症について説明します。

10-1 感染症とは

10-1-1 顕性感染と不顕性感染

感染症は，大気，水，土壌，ヒトを含む動物など環境中に存在する病原性の微生物が私たちの体内に侵入することで引き起こされます。

感染症を引き起こす微生物を病原体とよびます。回虫やギョウ虫のような寄生虫によって起こる寄生虫症も感染症の一つです。病原体がヒトの体中に侵入し，定着し，そして増殖することで感染症が成立します。

ただ，病原体が私たちの体の中に入っても，症状が現れる場合（顕性感染）と，はっきりとした症状が現れない場合（不顕性感染）があります。不顕性感染者は自分が感染症にかかっていることがわからないまま，保菌者（キャリア）となって病原体を排泄し，感染を広げる可能性が高くなります。後述する新型コロナウイルス感染症（COVID-19）でも若年層を中心に不顕性感染者が多いと言われており，本人が知らない間に感染を広げている可能性が示唆されています。（図10-1）

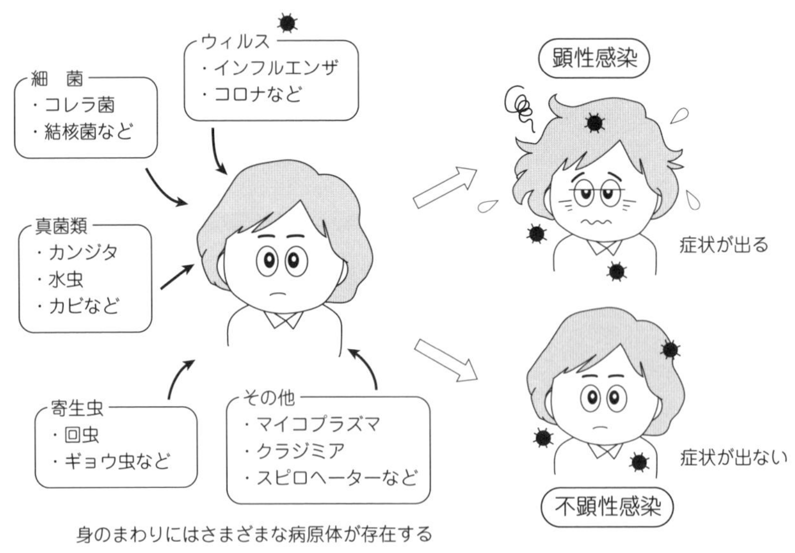

図 10-1　感染症とは

10-1-2　感染症の感染経路

感染症の感染源としては，病原体で汚染された食品，感染者や保菌者・感染動物の排泄物，おう吐物，血液，体液などが挙げられます。感染を防止する有効な対策は，感染源を隔離したり，消毒したりすることなどです。

感染症の主な感染経路は大きく三つに分けられます。

最も感染力が強いのは飛沫核感染（空気感染）とよばれるもので，病原体が空気中に長時間滞留し，その間，感染の危険性がずっと持続します。次に感染力が強いのは飛沫感染で，感染者の分泌物の飛沫，例えば咳やくしゃみなどによって感染が起こるものです。ただし，飛沫感染の場合は飛沫核感染と違い飛沫の滞留時間は短いため，咳やくしゃみなどを直接近くで浴びるといったことがなければ感染するリスクは低くなります。三つ目は接触感染とよばれるものです。これは物理的に感染者の体液，血液，おう吐物などに触れなければ感染しないというものです（図 10-2）。

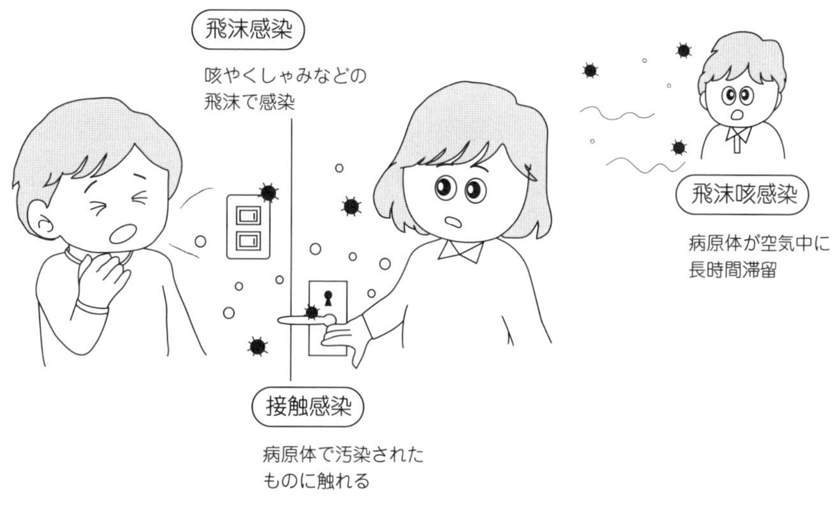

図 10-2　感染症の感染経路

10-2　感染症のパンデミック

世の中にはさまざまな感染症があり，その中にはパンデミックとよばれる世界的大流行を起こしてきた感染症も知られています。感染症の原因も治療法も十分に確立されていなかった時代には，感染症のパンデミックが起こると，歴史が変わるほどの影響が生じてきました。ここではパンデミックを起こした感染症のうち，死者数の多かったペストとスペイン風邪について紹介します。

ペストはペスト菌の感染によって発症する感染症で，ネズミなどのげっ歯類を宿主とし，主にノミによって伝播されます。540 年頃ヨーロッパの中心都市ビザンチウムコンスタンチノープル（現在のトルコ，イスタンブール）で広がり，当時は最大で　口　万人の死者が出たと言われています。また，14 世紀のヨーロッパで大流行が起こり，黒死病と呼ばれました。当時，ヨーロッパだけで全人口の 1/4 ～ 1/3 にあたる 2500 ～ 7500 万人が死亡したといわれています。

スペイン風邪はインフルエンザの一つで，1918 ～ 1920 年にかけて世界中で流行し，全世界で約 6 億人が感染し，2000 ～ 4000 万人が死亡したとされています。当時の世界人口は 18 億人ぐらいだったと考えられているので，世界で3人に1人がスペイン風邪に罹かり，50人に1人がスペイン風邪で死亡した計算になります。1918～1920年は大正7～9年にあたりますが，日本でも大きな流行が3回見られ，延べで2400万人近くが感染し，40万人近くが亡くなりました。当時の日本の人口は約5600万人（現在の半分ほど）でしたので，感染者数と死亡者数がいかに多いかがわかります。

このように，これまでにいくつかの感染症がパンデミックを引き起こしてきました。しかし，19世紀後半になるとようやく，原因となる病原体や治療方法・対処方法が解明されて，それ以降は感染症による死亡者は激減していきます。例えばペストは，20世紀半ばに抗生物質が開発されてからは，早期に適切な抗生物質を投与することで治療できるようになりました。ただ，治療ができるようになったといっても，感染症そのものを完全になくす（根絶する）ということは非常に難しいことです。その主な理由については，10-9で説明します。

感染症の中で，人類が唯一根絶することができたといわれているのは，天然痘です。

天然痘は，皮膚に多数の水疱（水ぶくれ）ができる病気で，痕が残ることから，罹患（りかん）したかどうかについて判定することができます。紀元前から伝染力が強く死に至る病気として知られており，エジプトのミイラにも天然痘の痕跡が見られています。日本では日本書紀に最初の記録があるとされ，疱瘡（ほうそう）とよばれ恐れられてきました。徳川3代将軍家光が天然痘にかかったという記録も残っています。また，明治時代には2～7万人が感染（5000～2万人が死亡）する流行が6回発生しました。海外では，15～16世紀頃にコロンブスの新大陸（アメリカ大陸）上陸によってアメリカ大陸で天然痘が大流行し，1663年には人口およそ4万人のインディアン部落がほぼ全滅したといった記録があります。それまでアメリカ大陸には天然痘がなく，インディアンは天然痘に対する免疫が無かったため大流行となったと考えられています。南アメリカ大陸にあったインカ帝国が滅亡した原因の一つは，ヨーロッパ人がアメリカ大陸に天然痘を持ち込んだからではないかという説もあるほどです。

この天然痘に対して，1796年にジェンナーが種痘とよばれるワクチンを開発しました。その後，患者は減少し続け，ついに1980年にWHO（世界保健機構）が天然痘の世界根絶宣言を出すに至りました。日本でも1956年以降，国内での天然痘の発生は報告されておらず，1975年からは天然痘のワクチン接種が行われなくなりました。

10-3　新興感染症と再興感染症

天然痘のように根絶できた感染症，あるいは，根絶までに至らなくてもある程度流行を抑えることができるようになった感染症もありますが，一方で1970年頃から，以前には知られていなかった新たな感染症（新興感染症）や，過去に流行した感染症で一旦は発生率が減少したものが再び流行する再興感染症とよばれる感染症が出現するようになりました。

まずは再興感染症から紹介しましょう。

代表的な再興感染症のひとつは結核です。天然痘と同じように，結核もエジプトのミイラにその痕跡が見られています。結核は，第二次世界大戦が始まる前の日本では日本人の死亡原因の第1位でしたが，第二次世界対戦の後，結核菌など細菌に有効な抗生物質が開発され，1950年頃から結核患者は減少していきました。ところが近年，抗生物質に対して抵抗性を示す結核菌，いわゆる耐性菌が出現し，結核は日本を含めた世界中で再び感染者を増やしています。単一の感染症としては，10-5 で説明する後天性免疫不全症候群（AIDS）に次いで世界第二位の死者数となっており，世界で毎年約 150 万人が結核で亡くなっています。日本でも未だに毎年約 18000 人の新たな患者が発生し，約 2000 人が結核で亡くなっているのです。

再興感染症の二つ目として，マラリアについて説明します。マラリアも昔から流行していたと考えられており，6 世紀にはローマ帝国を中心に流行したと言われています。マラリアは，マラリア原虫を持った蚊に刺されると感染します。1950 年代に殺虫剤 DDT が開発され，蚊を効率よく駆除できるようになったため，一旦はマラリアの感染者が減少しました。しかし，9-2-1 で述べたように，DDT に内分泌かく乱作用があることが判明し，先進国を中心に使用禁止となったこと，また，DDT に抵抗性の蚊が出現したことなどから，現在は再び感染の拡大が見られています。今でも，世界で年間 3 ～ 5 億人が感染し，100 ～ 200 万人がマラリアで亡くなっています。さらに，地球温暖化でマラリアを媒介するハマダラカの生息域が拡大しており，将来は日本でも蚊に刺されてマラリアに感染する可能性があると言われています。

インフルエンザも再興感染症の一つといえます（表 10-1）。インフルエンザはこれまでに何度もパンデミックを繰り返しています。10-2 で述べたように，1918 ～ 1920 年にかけてスペイン風邪が大流行しました。その後，1957 年にはアジア風邪が大流行し，世界で 200 万人以上が亡くなりました。さらに 1968 年には香港風邪が流行し，世界で 100 万人以上が亡くなっています。最近では 2009 年に新型インフルエンザとよばれるインフルエンザが流行し，1 万 8000 人以上が亡くなりました。インフルエンザについては 10-6 でさらに詳しく説明したいと思います。

表 10-1 インフルエンザ流行の歴史

発生年	名 称	タイプ	概 要
1918 年	スペインかぜ	A/H1N1 亜型	世界で 2000 ～ 4000 万人が死亡（当時の世界人口 18 億人）したと推定される
1957 年	アジアかぜ	A/H2N2 亜型	世界で 200 万人以上が死亡したと推定される
1968 年	香港かぜ	A/H3N2 亜型	世界で 100 万人以上が死亡したと推定される
2009 年	新型インフルエンザ	A/H1N1 亜型 (A/H1N1 2009)	世界の 212 以上の国・地域で感染を確認し，1 万 8000 人以上が死亡したと推定される

表 10-2 感染症の分類

類 型	疾病名
1	エボラ出血熱，クリミア・コンゴ出血熱，痘そう（天然痘），南米出血熱，ペスト，マールブルグ病，ラッサ熱
2	急性灰白髄炎，結核，ジフテリア，重症急性呼吸器症候群 (SARS)，中東呼吸器症候群 (MERS)，鳥インフルエンザ (H5N1)，鳥インフルエンザ (H7N9)
3	コレラ，結核性赤痢，腸管出血性大腸菌感染症，腸チフス，パラチフス
4	E 型肝炎，ウエストナイル熱，A 型肝炎，エキノコックス症，狂犬病，ジカウイルス感染症，つつが虫病，デング熱，鳥インフルエンザ (H5N1/H7N9 を除く)，日本脳炎，ボツリヌス症，マラリア，他（計 44 種）
5	ウイルス性肝炎 (E 型及び A 型を除く)，クロイツフィエルト・ヤコブ病，水痘，梅毒，破傷風，風しん，麻しん，インフルエンザ（鳥 / 新型を除く)，手足口病，流行性耳下腺炎，後天性免疫不全症候群 (AIDS)，他（計 48 種）
新型インフルエンザ等感染症	
指定感染症	新型コロナウィルス感染症

2021 年 1 月末現在，厚生労働省ホームページをもとに作成。

さて，いくつかの再興感染症をご紹介しましたが，日本では感染症について表 10-2 のような分類がなされています。明治以来，伝染病予防法という法律がありましたが，1999 年に感染症法という法律に改正され，さらに何度かの改正が重ねられて現在に至っています。改正が度々行われる背景には，後述するように，さまざまな新興感染症あるいは再興感染症が出現するようになり，その都度法律を改正せざるを得なくなっているという状況があります。

感染症は類型として大きく 1 類から 5 類に分類されています。1 類は，死亡率が高く重篤な感染症です。番号が大きくなるにつれ，日常でも感染し，死亡率も低い感染症になります。また，従来は 1 類～ 5 類の分類でしたが，最近新型インフルエンザ等感染症という分類が加えられ，さらに指定感染症として新型コロナウイルス感染症が加えられました。こうした感染症の中から，以下にいくつか紹介します。

10-4 マールブルグ病・エボラ出血熱（エボラウイルス病）

1 類に分類されるマールブルグ病は，1967 年 8 月に，当時の西ドイツ（ドイツは当時東ドイツと西ドイツに分かれていました）のマールブルグの研究所で，医療研究用にアフリカのウガンダから輸入したアフリカミドリザルから研究者が初めて感染しました。25 名が感染し 7 名が死亡するという非常に致死率の高い感染症でした。原因となるマールブルグウイルスは，後述するエボラウイルスと同じフィロウイルスと呼ばれるグループに含まれるウイルスです。マールブルグ病は，その後アフリカのいくつかの国で流行が報告されていますが，現在までに世界中への感染拡大は起こっていません。

マールブルグ病のグループに入るウイルスとして，現在最も恐れられているのはエボラ出血熱（エボラウイルス病）を引き起こすウイルスです。エボラウイルスによる急性熱性疾患は，ラッサ熱，マールブルグ病，クリミアコンゴ出血熱と共に，ウイルス性出血熱とよばれる疾患の一つです。1976 年に最初の流行があり，2020 年末時点に至るまで地域的な大流行（アウトブレイク）が何度も報告されてきました（表 10-3）。

エボラ出血熱をはじめとする新興感染症の多くは，野生動物が持っていたウイルスや病原体が

表 10-3　エボラ出血熱の主なアウトブレイク　（　）内は致死率

発生年	地　域	主な状況（致死率）
1976 1979	スーダン	スーダン南部で 284 名が感染し、151 名が死亡 (53%) 34 名が発症し、22 名が死亡 (65%)
1976 1977 1995	コンゴ民主共和国	スーダンの 2 か月後、北部で大発生、患者 318 名中 280 名死亡 (88%) 18 年後、中部で発生、254 名が死亡、うち 100 名以上が医療関係者
2000 ～ 2001	ウガンダ	スーダンとの国境に接する北方から発生、各地に拡大し、患者 425 名死者 224 名の大流行 (53%)
2003	コンゴ民主共和国	2 度の流行で 178 名の患者発生、157 名死亡 (88%)
2007	ウガンダ	264 名 / 死亡 187 名 (71%)
2014 ～ 2016	西アフリカ	ギニアで 3811 名 / 死亡 2563 名 (67%)、リベリアで 10675 名 / 死亡 4809 例 (45%)、シエラレオネで 14124 名 / 死亡 3956 名 (28%)、など（疑いも含む）
2018 ～ 2020	コンゴ民主共和国	患者総数 54 名、うち死亡 33 名 (61%) 患者総数 119 者、うち死亡 55 名 (46%)

厚生労働省ホームページをもとに作成。

原因であると考えられています。人間が自然を破壊し，森林の奥地などに入り込み，これまで接触したことのない動物たちと接点を持つことにより，感染症の原因となる病原体に感染するようになったのではないかと考えられているのです。エボラウイルスについては，コウモリが自然宿主（自然界の中でウイルスを持っている生物）ではないかと考えられています。

表 10-3 からもわかるようにエボラ出血熱は非常に致死率の高い病気として知られています。これまでの流行では，致死率がほぼ 50% 以上，場合によっては 90% 近くになっています。症状としては突然の発熱や強い脱力感，筋肉痛などによって始まり，その後おう吐，下痢，発疹，肝機能および腎機能の低下が起こり，最後は体中から出血が起こって死に至ります。感染経路は接触感染で，感染者や宿主動物の血液，体液と接触することで感染し，潜伏期間は 2 日から最長 3 週間と言われています。現時点では，流行はアフリカの数ヶ国に限られていますが，潜伏期間が 2 日から最長 3 週間あるため，発症前の感染者が移動することによって，今後世界中に感染拡大を起こす可能性は十分考えられます。

10-5 後天性免疫不全症候群（AIDS）

HIV（Human Immunodeficiency Virus）というウイルスが原因である後天性免疫不全症候群（Acquired Immunodeficiency Syndrome : AIDS）という病気については，ご存じの方が多いと思います。

AIDS というと，死に至る怖い病気と思う人もいるかもしれませんが，表 10-2 を見ると 5 類，すなわち，水ぼうそうや風疹，おたふくかぜなどと同じグループに分類されていることがわかります。

AIDS は HIV に感染することによって免疫が不全になり，さまざまな症状を発症するという感染症で，1981 年に最初の患者が報告されています。HIV というウイルスは，サルが持っている SIV というウイルスと似ており，サルからヒトに感染したのではないかと考えられています。HIV が免疫細胞に感染し，免疫不全を引き起こすため，適切な治療が施されないと日和見（ひよりみ）感染症や悪性腫瘍を引き起こします。日和見感染症とは，感染者の体調や状態などによって発症したりしなかったりする感染症で，一般に健康なヒトであれば症状が出ませんが，免疫状態が下がっていると発症します。

HIV の感染経路は接触感染で，血液や体液を介したもので，主な感染経路は性的接触あるいは母子感染，注射針の使いまわしなどです。このうち母子感染に関しては現在では帝王切開でほぼ完全に防ぐことができます。

HIV 感染後の経過は，感染初期（急性期），無症候期，AIDS 発症期の 3 期に分けられます。感染初期（急性期）は HIV に感染した後しばらくの期間で，発熱や筋肉痛，発疹やリンパ節の腫れなどの症状が出ます。風邪などの症状と似ているため，HIV 感染かどうかを判断するのは難しいと言えます。その後，無症候期となり，体内にウイルスはあるものの発症には至らない，いわゆるキャリアの状態になります。やがて体内のウイルス量が増えると，発熱，倦怠感，リンパ節の腫れ，といったような症状が出現し，AIDS を発症するということになるのです。HIV 感染後に適切な治療が行われないと，8-1-3 で述べた適応免疫ではたらくヘルパー T 細胞（CD4 陽性 T 細胞）に HIV が感染し破壊することでこの細胞が急激に減少します。その結果，免疫不全の状態となり，カリニ肺炎などの日和見感染症が発症しやすくなるのです。

近年は治療薬の開発が進み，HIV に感染しても，さらに AIDS を発症しても，早期発見・治療することで重篤化を防ぐことが可能となってきました。

一方で，日本での HIV 感染者や AIDS 患者は，現在も徐々に増加傾向にあり，HIV 感染者の累計は 2018 年末にすでに 3 万人を超え，そのうち AIDS を発症した患者が累計でほぼ 1 万人となっています。世界での HIV 感染者は現在およそ 4000 万人です。AIDS は当初，男性同性愛者が感染する病気であるという差別や偏見がありましたが，現在の HIV 感染者は男女ほぼ半数となっています。1980 年代に AIDS の流行が始まって以来，世界中で 7500 万人近い人たちが HIV に感染し，3200 万人が亡くなったとされています。発生地域は現在，圧倒的にアフリカが多いですが，東ヨーロッパや中央アジア地域などでも未だに感染の拡大が見られています。

10-6 インフルエンザ

さて次にインフルエンザについて説明します。

表 10-2 を見ると，インフルエンザは表の中の何ヶ所かに記載されていることがわかります。感染症類型の 2 類に鳥インフルエンザ（H5N1/H7N9）があり，4 類に鳥インフルエンザ（H5N1/H7N9 を除く）が入っています。また，インフルエンザ（鳥 / 新型を除く），さらに欄外に新型インフルエンザ等感染症という記載もあります。このことからわかるように，インフルエンザにはさまざまなタイプがあり，そのタイプによって感染力や重症化率・致死率などが違っているのです。

10-6-1 インフルエンザの分類

インフルエンザウイルスは大きく A・B・C の三つの型に分類されていますが，C 型は症状が軽いため，特別な扱いはされておらず，B 型も A 型ほど重い症状にはなりません。三つの型のうち最も症状が重い A 型はさらに細かく分類されています。図 10-3 を見るとわかるように，A 型インフルエンザウイルスの表面には突起が存在していますが，このうち，H で示されているヘモアグルチニンという突起（スパイク）が 16 種類，N で示されているノイラミニダーゼという突起（スパイク）が 9 種類，存在しています。A 型はこの H と N の突起の組み合わせにより分類されます。

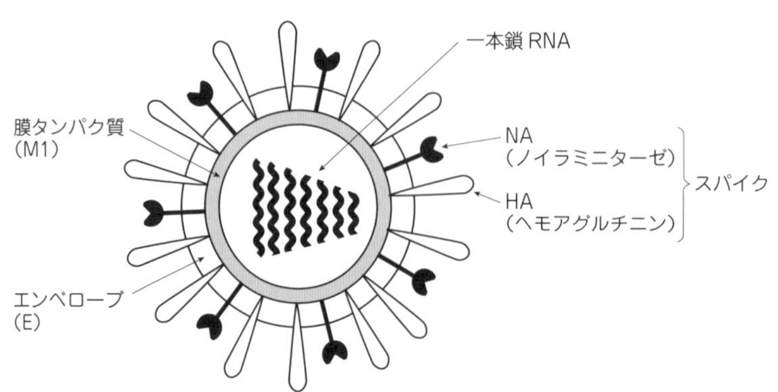

図 10-3　A 型インフルエンザウイルスの大まかな構造

表面の突起のうち，ヘモアグルチニン（H）が感染先の細胞と結合するため，Hのタイプによって，感染相手が決まってくることになります。これまでパンデミックを起こしたA型の種類を見ると，スペイン風邪は H1N1，アジア風邪は H2N2，香港風邪は H3N2 でした。また，2009 年に流行したのは H1N1 で，スペイン風邪の時とは細かいところで差がある変異型でした。このように，ヒトに感染するのはこれまでHが 1 ～ 3 のタイプだといわれてきました。一方，インフルエンザが感染する動物はヒト以外にもさまざま知られています。最も多いのはトリで，トリに感染するインフルエンザにもさまざまなタイプがあります。また，ブタはヒトのタイプとトリのタイプの両方に感染することがわかっています。さらに，ウマ，イヌ，ネコ，クジラやアザラシなど，家畜や野生の哺乳類も広くインフルエンザに感染することが知られています。

インフルエンザの主な感染経路は咳やくしゃみなどによる飛沫感染です。いわゆる季節性インフルエンザとよばれる一般的なインフルエンザは，日本では例年 12 ～ 3 月が流行シーズンとなっており，感染症の類型では 5 類に位置づけられています。一方，表 10-2 の欄外に記載されている新型インフルエンザは，ウイルスの性質などが従来の季節性インフルエンザとは異なっています。多くの人がまだ免疫を獲得していないため，パンデミックと呼ばれる世界的な大流行を起こす可能性を秘めているのです。

インフルエンザは，上述したようにヒト以外のさまざまな動物にも感染しますが，これまで，ヒトとトリでは感染するタイプが異なり，ヒトとトリの間で直接インフルエンザをうつしあうということはないと考えられてきました。新しいタイプのインフルエンザは，ヒトとブタとの間での感染，トリとブタとの間での感染により，ブタの体内でヒト型とトリ型のインフルエンザが交じり合い，出現すると考えられていたのです（図 10-4）。しかし最近，トリ型のインフルエンザがトリからヒトに直接感染しているという例が報告されています。例えばトリインフルエンザ A H7N9 型は H7 であるため，本来ヒトには感染しないタイプですが，2013 年 4 月に中国で多数の患者が報告され，その後毎年冬に感染が報告されています。また，トリに対して，非常に高い病原性を持つことで恐れられている高病原性トリインフルエンザ A H5N1 型というタイプが知られています。H5N1 については，日本でも，ニワトリなどへの感染が報告されており，H5N1 が検

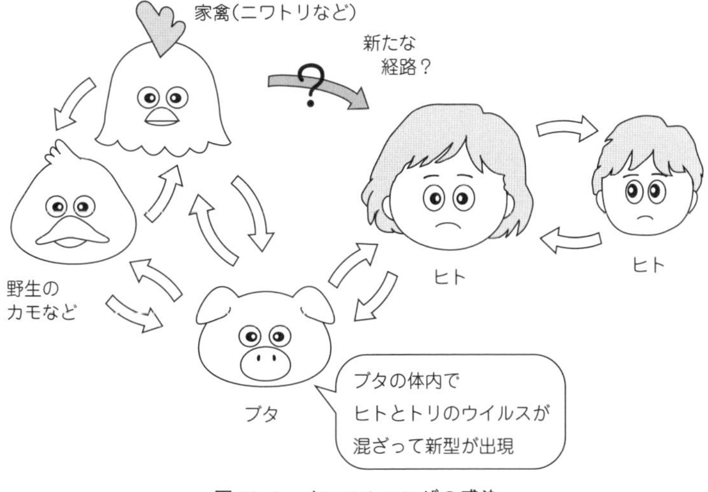

図 10-4　インフルエンザの感染

出された鶏舎で飼育しているニワトリがすべて殺処分されたといったニュースが報じられたのをご存じの方もいらっしゃるでしょう。このH5N1について，ニワトリやアヒルなどの家禽やその排泄物などに濃厚に接触することで，ヒトがまれに感染すると考えられるようになっており，実際に感染した例が報告されています。現在までに，特にエジプトとインドネシアで報告が多く，感染者の死亡率も通常のインフルエンザより高くなっています。日本では，トリでの感染は度々認められていますが，ヒトでの感染は今のところ確認されていません。H5N1については，有効なワクチンはまだ実用化されておらず，今後，もしヒトからヒトへの感染が起こるようなことになれば，新たなインフルエンザとしてヒトでの感染が拡大し，パンデミックを引き起こす可能性もあると考えられています。

さらに，新たに懸念されているインフルエンザとして，中国の研究チームが2020年6月末にヒトに感染する新型のインフルエンザウイルスが中国内のブタの間で広がっていると報告しています。このウイルスは2009年にパンデミックを起こした新型インフルエンザと同じタイプだと考えられており，そうであればヒトの間で感染する力を持っているということになります。実際に，ブタの飼育が盛んな河北省や山東省で2016～2018年に実施された検査では，養豚場の従業員の1割以上，一般市民の4.4%が，このインフルエンザウイルスの陽性反応を示したと報告されています。2009年に流行したウイルスでは季節性インフルエンザを超える死者が出ており，この新たなインフルエンザウイルスも今後パンデミックを起こす可能性が十分考えられるのです。

こうした新型のインフルエンザの例を見ても分かるように，私たちの身の回りには，新興感染症や再興感染症の原因となる病原体，特にこれまでに知られていなかったようなウイルスが，突然出現し，パンデミックを起こしてもおかしくない状態で潜んでいます。こうした事実を知り，万が一の場合に備えてできる限りの準備をしておく必要があると言えるでしょう。

10-7　コロナウイルス感染症

パンデミックを引き起こした感染症の中で，現在最も注目されているのが新型コロナウイルス感染症（COVID-19）で，まさに突然出現した新興感染症です。

しかし，コロナウイルスによる感染症は，現在流行している新型だけではありません。まずはコロナウイルス全般について説明しましょう。

10-7-1　コロナウイルスとは

コロナウイルスは，私たちがかかる風邪の原因の10～15%を占めていると考えられており，冬の時期には風邪の約1/3がコロナウイルスによるものであると言われています。風邪の原因となるコロナウイルスは1960年代から発見されていましたが，最近になって動物から感染し重症化するタイプが複数見つかってきています。

コロナウイルスは直径約100nm（nmはμmの1/1000なので，100nmは0.0001mmとなります）の球形をしています（図10-5）。インフルエンザウイルスなどと同様，表面に突起を持っており，王冠（クラウン）に似ていることから，ギリシャ語で王冠を意味するコロナという名前が付けられました。

前述したように，コロナウイルスは冬の時期に一般的な風邪の原因となる病原体の一つとして

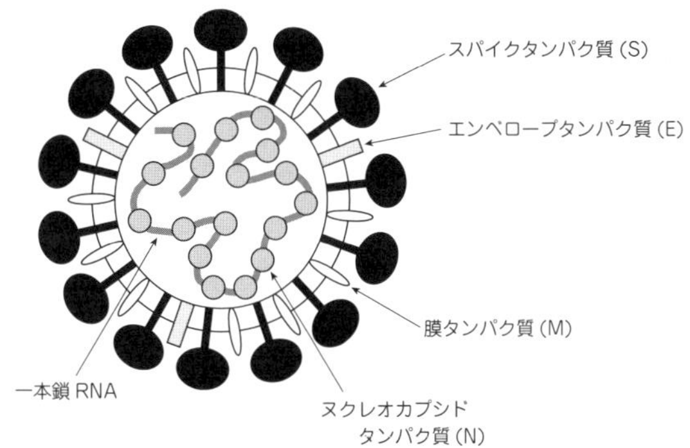

図 10-5　コロナウイルスの大まかな構造

発見されていましたが，2002 年 11 月に中国南部の広東省を起源とした重篤な肺炎として重症急性呼吸器症候群（Severe Acute Respiratory Syndrome : SARS）が報告され，その原因となるウイルスがコロナウイルスであることが判明しました。SARS の感染者は 32 の国と地域で 8000 人を超え，致死率は 9.6%，宿主動物はキクガシラコウモリとよばれるコウモリだと考えられています。幸い翌年 2003 年 7 月に WHO によって終息宣言が出され，日本では感染者はありませんでした（図 10-6）。

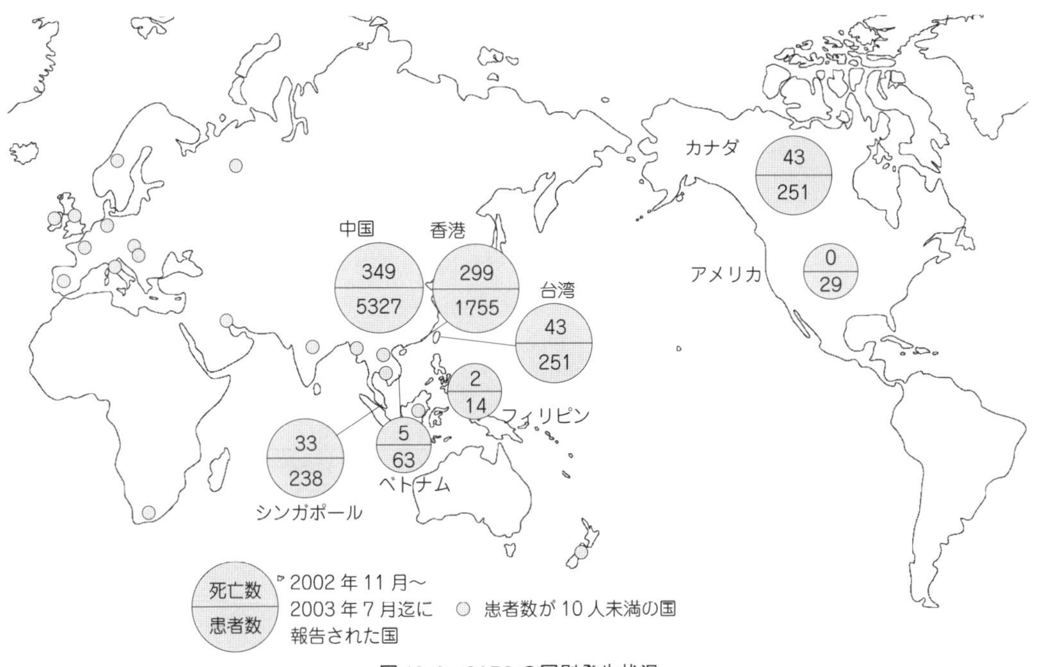

図 10-6　SARS の国別発生状況

国立感染症研究所のデータをもとに作成。

その後，2012 年の 9 月以降，アラビア半島諸国を中心に中東呼吸器症候群（Middle East Respiratory Syndrome : MERS）と呼ばれる新たなコロナウイルス感染症が発生しました。WHO 報告によると，MERS については 27 カ国で約 2500 人の感染者が報告され，858 名が亡くなって

表 10-4 これまで発見されてきたヒトに感染するコロナウイルス

ウイルス名	HCoV-229E HCoV-OC43 HCoV-NL63 HCoV-HKU1	SARS-CoV	MERS-CoV
病名	風邪	SARS（重症急性呼吸器症候群）	MERS（中東呼吸器症候群）
発生年	毎年	2002 ～ 2003 年（終息）	2012 年～現在
発生地域	世界中	中国広東省	アラビア半島とその周辺地域 中東以外の国では輸入例
宿主動物	ヒト	キクガシラコウモリ	ヒトコブラクダ
感染者の年齢	多くは 6 歳以下 全年齢に感染する	中央値 40 歳（範囲 0 ～ 100 歳） 子どもにはほとんど感染しない	中央値 52 歳（範囲 1 ～ 109 歳） 子どもにはほとんど感染しない
主な症状	鼻炎、上気道炎、下痢	高熱、肺炎、下痢	高熱、肺炎、腎炎、下痢
感染経路	咳、飛沫、接触	咳、飛沫、接触、便	咳、飛沫、接触
ヒト－ヒト感染	1 人→多数	1 人から 1 人以下 ただし、スーパースプレッダーが存在	1 人から 1 人以下 ただし、スーパースプレッダーが存在
潜伏期間	2 ～ 4 日 (HCoV-229E)	2 ～ 10 日	2 ～ 14 日
感染症法 （拡大防止策）	指定なし	二類感染症	二類感染症

国立感染症研究所ホームページをもとに作成。

います（2019 年 11 月末）。MERS の発生は，感染者の 84%を占めるサウジアラビア王国を含めた中東地域の国々を中心に，オーストラリア，中国，ヨーロッパの国々などでも報告され，韓国でも大きな流行がありましたが，日本では MERS の流行もありませんでした。MERS の宿主動物はヒトコブラクダであると考えられています。

コロナウイルスによる感染症には，このように，風邪症状を引き起こすもののほかに，SARS，MERS が知られていました。いずれも感染経路は飛沫あるいは接触と考えられ，後述する新型コロナウイルス感染症と近い特徴を持っています（表 10-4）。

10-7-2 新型コロナウイルス感染症（COVID-19）

2019 年 12 月に中国の湖北省武漢市において新たなコロナウイルス感染症の発生が報告され，COVID-19（Coronavirus Disease 2019）と命名されました。WHO は 2020 年の 3 月 11 日に，この感染症がパンデミック，すなわち世界的な大流行を引き起こしていると表明しました。

COVID-19 は，SARS-CoV-2 とよばれるコロナウイルスが引き起こす感染症で，飛沫感染，接触感染が主な感染経路とされています。宿主動物はコウモリではないかと考えられていますが，まだ特定はされていません。数日程度の潜伏期間を経て発熱や呼吸器症状，全身倦怠感などを発症し，重症化すると肺炎やサイトカインストームを起こし死亡する場合があります。サイトカインとは細胞が分泌するシグナル物質ですが，過剰に分泌されることにより免疫が暴走し，体内で激しい炎症反応 (サイトカインストーム) を引き起こしてしまいます。

COVID-19 の感染者は，2020 年 1 月末に世界中で 1 億人を超え，死者も 200 万人を超えて増え続けています。感染者が多い国は，アメリカ，インド，ブラジル，ヨーロッパ諸国などとなっています。現在，治療薬やワクチンなどの研究や対応が進んでいますが，感染終息までにはしばらく時間がかかると考えられています。

COVID-19 に対してはまだわからないことが多く，ウイルスが変異しやすいという特徴もあります。実際に世界各地で変異した COVID-19 が報告されており，ヒトへの感染力や症状の重篤度についても変わっていく可能性があるため，今後の状況について明確な予想を立てるのは難しいと言わざるを得ません。飛沫感染が主な感染経路であることを考えると，三密を避け，マスクを着用するなど，感染を防ぐ対策を心がけることが最も重要であると言えるでしょう。

さらに近年の数々の新しいコロナウイルスの出現状況を踏まえると，今後，SARS，MERS，COVID-19 以外の新たなコロナウイルスが出現し，パンデミックが発生する可能性も十分考えられるのです。

10-8 その他の感染症

表 10-2 を見てもわかるように，感染症には，これまで述べてきたもの以外にも多くのものが知られています。

例えば，感染症類型の 4 類に分類されているジカ熱は，2016 年にブラジルで開催されたリオオリンピックの際に現地での流行が報じられ，注目されました。主にジカウイルスを持った蚊により媒介される感染症で，症状そのものは軽度の発熱，筋肉痛などで重篤ではありません。しかし，妊婦が感染すると胎児に影響が及び，脳の発達が不十分な小頭症の子どもが生まれることがあります。

同じく 4 類に分類され，2014 年に感染源となるウイルスを持つ蚊が国内で発見されニュースとなったデング熱は, 2020 年にシンガポールで大流行しました。デング熱の症状は, 通常は発熱，発疹，筋肉痛などの風邪症状ですが，まれにデング出血熱とよばれる重篤な症状を引き起こし，死に至ることもあります。アジア地域などでは，毎年多くの感染者が出ています。さらに，地球温暖化により，ウイルスを媒介する蚊がすでに台湾で越冬することが確認されているため，今後，日本で流行する可能性も十分考えられます。

最後に，プリオン病をご紹介したいと思います。

プリオン病とは，元々はヒツジにみられるスクレイピーという病気として知られていました。ヒツジの脳が海綿（スポンジ）状になり，死に至る病気です。感染症類型の 5 類にあるクロイツフェルトヤコブ病はヒトのプリオン病です。有名なプリオン病は，ウシが発症する牛海綿状脳症（Bovine Spongiform Encephalopathy：BSE）とよばれるもので，1986 年に初めてイギリスで発見されました。家畜として飼育しているウシに，栄養強化などの目的でヒツジの肉骨粉を餌として与えたことにより，ウシがヒツジのプリオン病を発症するようになったと考えられています。さらに，感染したウシの脳や脊髄などを使用した餌が他のウシに与えられたことで感染が拡大し，BSE はイギリスからヨーロッパ，さらにアメリカ，カナダ，ブラジルなど南北アメリカ大陸にも広がりました。しかし，ウシの脳や脊髄を餌に混ぜないという規制が行われ，BSE の発生は 1992 年をピークに減少していきました。現在も，世界でごくまれに発生が見られていますが，検査により食用になる前に処分されています。

日本でも 2001 年に国内で初めての BSE 発生が確認されましたが，肉骨粉の使用規制などにより，2003 年以降に出生したウシでは BSE は確認されていません。

なお，ヒトでは，BSE 発生以前からクロイツフェルトヤコブ病と呼ばれるプリオン病が知られていますが，発症例はごくわずか（近年は世界で年間 10 例以下）です。

10-9 人畜共通感染症

これまで説明してきたように，近年，新興感染症や再興感染症が次々と出現しています。こうした感染症の特徴の一つとして，その多くが人畜共通感染症であるという点があげられます。

人畜共通感染症とは，ヒトと動物の両方に感染する感染症を言います。ある感染症がヒトにしか感染しないものであれば，ヒトがワクチン接種を受ける，治療薬を服用する，といった対策を徹底することにより，その感染症を撲滅することが可能で，天然痘はその例と言えます。しかし，人畜共通感染症の場合は動物も病原体を保有しています。野生動物の体内に病原体が存在していれば，すべての野生動物にワクチンを打つといったことはできないので，人畜共通感染症の根絶は事実上不可能ということになり，原因となる病原体は野生動物の中で，ヒトへの感染の機会を狙っているということになるのです。

こうした人畜感染症が新たな感染症として次々に出現している背景には，生態系の変化，ヒトの行動様式の変化，あるいは地球環境の変化などの要因があります。

例えば，農地開拓や産業構造の変化によって私たち人間は熱帯雨林を切り開き，これまで立ち入ったことがなかったような奥地へと開発を進めています。その結果，私たちが野生動物やその排泄物，死体などに接する機会が増え，動物の持つ未知の病原体とも接する機会が増えています。エボラウイルス病などは，まさにこうしたことが原因になって発生した感染症だと考えられています。

また，かつては熱帯雨林の奥地で何らかの感染症が発生しても，それはその地域に限定された感染症（風土病）で済むことがほとんどでした。しかし，今ではそのような奥地と都市などとの間で人々が簡単に往来できるようになってきています。飛行機を利用すれば，世界中のどこでも３日以内には移動できるとさえいわれています。感染症の中には，潜伏期が数日あるものも多く，感染していても症状が出ないうちに感染者が遠くまで移動できてしまいます。結果として，移動先で発症して世界的なパンデミックを引き起こすことも十分あり得るのです。過去にも，人間が移動することで感染症が世界中に広がるといったことが起こっていました。例えばスペイン風邪は，第一次世界大戦の従軍により兵士が感染症を広げたこともパンデミックの原因の一つだったと言われています。

このように，国際化（グローバリゼーション）によってパンデミックの発生頻度や規模の拡大が起こるであろうことが予想されています。その一方で，世界中に広がる格差によって，アジアやアフリカなどの地域では，衛生状態の悪い中，満足な治療を受けられないといった問題も起こっています。

感染症の流行が生じた際には，本来はその感染症を抑え込むことを第一に考えなければなりません。しかし，企業や社会的な緊急性から経済や人の往来が優先され，感染症の研究や対策の優先順位が下がってしまうということもあります。結果として，その時は感染が小規模で収まったとしても，その後再興感染症として世界中に感染拡大するといったことも考えられます。

また，地球温暖化などが原因で，これまで熱帯の特定地域でしか見られなかった感染症の流行地域が広がる例も報告されています。現在進んでいる地球温暖化は，さまざまな病原性微生物の生息範囲を拡大させています。さらに，永久凍土が溶けることによって新たな感染症が出現する，あるいは眠っていた再興感染症が出現するといった危険も発生し始めているのです。

感染症の問題については，人類が医学の進歩によって一部の感染症を克服してきたという一方で，人類が新たな感染症を生み出しているという状況にあります。

医療先進国である日本にいれば感染症の心配はしなくてよいということではありません。温暖化や国際化により，日本でも感染症のパンデミックに直面する可能性が今後ますます増えていくであろうことを承知し，感染症の問題について常に考えていく必要があるのです。

＜参考文献・参考サイト＞

国立感染症研究所ホームページ　IDWR 感染症の話
https://www.niid.go.jp/niid/ja/encycropedia.html
国立感染症研究所ホームページ　感染症情報　疾患名で探す
https://www.niid.go.jp/niid/ja/diseases.html
厚生労働省　感染症情報
https://www.mhlw.go.jp/stf/seisakunitsuite/bunya/kenkou_iryou/kenkou/kekkaku-kansenshou/index.html
国立国際医療研究センター病院　ANR 臨床リファレンスセンター　感染症の基本
http://amr.ncgm.go.jp/general/1-1-1.html
厚生労働省　感染症法に基づく医師の届け出のお願い
https://www.mhlw.go.jp/stf/seisakunitsuite/bunya/kenkou_iryou/kenkou/kekkaku-kansenshou/kekkaku-kansenshou11/01.html
「感染症の世界史」 石弘之 著　角川ソフィア文庫（2018）
「ウイルス・細菌の図鑑－感染症がよく分かる重要微生物ガイド－」 北里英郎他　技術評論社（2015）
「なぜ感染症が人類最大の敵なのか？」 岡田晴恵 著　ベスト新書（2013）
「生命と環境」 林要喜知 他編著　三共出版（2011）
東京都健康安全研究センター　日本におけるスペインかぜの精密分析
http://www.tokyo-eiken.go.jp/sage/sage2005/
厚生労働省　エボラ出血熱について
https://www.mhlw.go.jp/stf/seisakunitsuite/bunya/0000164708.html
エイズ予防情報ネット　API-Net
https://api-net.jfap.or.jp/
厚生労働省　インフルエンザ（総合ページ）
https://www.mhlw.go.jp/stf/seisakunitsuite/bunya/kenkou_iryou/kenkou/kekkaku-kansenshou/infulenza/index.html

11 食と環境

この章では，食に関する環境問題について考えていきましょう。

11-1 食料自給率から考える日本の食の現状

まず，日本の食の現状について確認しましょう。

食の現状を知る指標の1つに食料自給率があります。食料自給率とは，国内の食料消費（みなさんが国内で食べている食料）が国産のものでどの程度賄えているかを示す指標です。図11- 1は，日本の食料自給率の推移を表したグラフです。食料自給率は，カロリーや生産額（金額）で示されますが，日本の農作物は海外より価格が高いので，生産額では自給率が多めにでてしまいます。そのため，ここではカロリーを基準にしたカロリーベースの食料自給率を見ていくことにします。

日本の食料自給率は，今から60年前にはカロリーベースで70%を超えていましたが，徐々に自給率は右肩下がりとなり，近年ほぼ40%の横ばいとなっています。すなわち，私たちが現在食べている食事（カロリー）の6割は海外から輸入したものによって賄われているということになるのです。

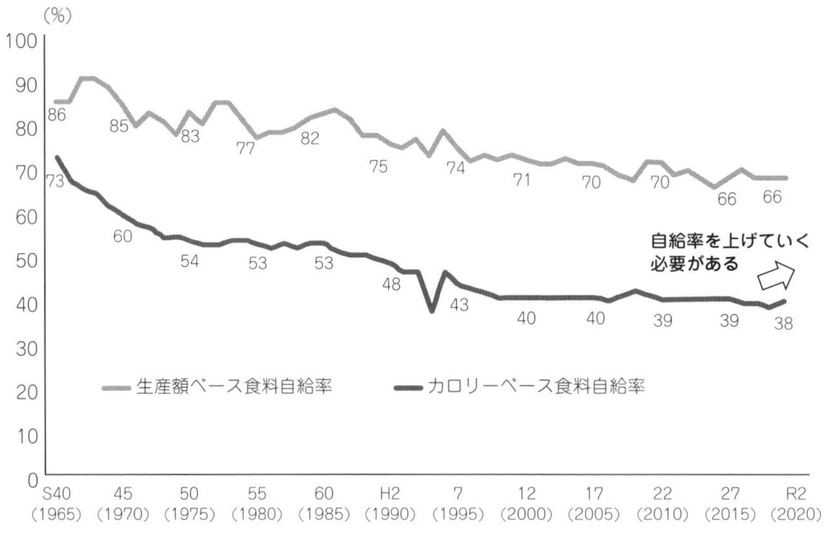

図11-1　日本の食料自給率の推移

農林水産省　日本の食料自給率をもとに作成。

ところで自給率のグラフを見ると1993年に凹みがあることがわかります。この年日本では記録的冷夏によりコメが不作となり，海外からコメを輸入するという事態を招きました。この年の冷夏は，1991年に噴火したフィリピンのピナツボ火山の火山灰が太陽光をさえぎることによって生じた北半球の気温低下の一例だと言われています。1つの火山の噴火が地球規模で気象の変化招き，農作物の収穫にも大きな影響を与えたと考えられるのです。

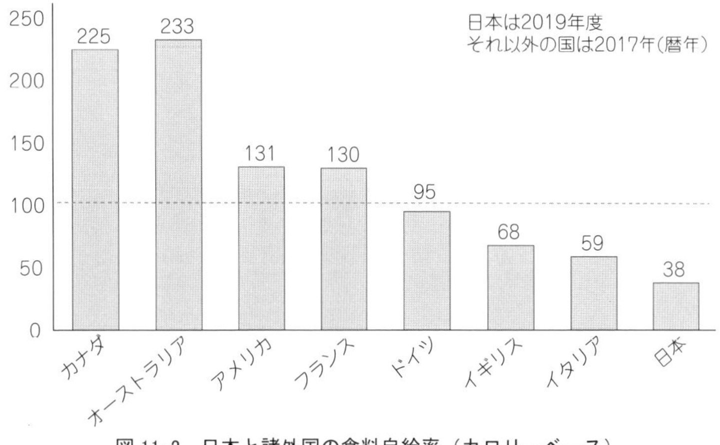

図 11-2　日本と諸外国の食料自給率（カロリーベース）

農林水産省　日本の食料自給率をもとに作成。

ところで，日本の自給率の低さの原因は，先進国なので農業が盛んでないためと考える人がいるかもしれません。しかし，先進国でも自給率が 100% を超えている国は珍しくないのです。図 11-2 を見るとわかるように，カナダ，オーストラリアは自給率が 200% を超え，フランス，アメリカも 100% を超えています。先進国の中で，日本の食料自給率の低さは際立っています。

食料自給率の低い日本において，高い自給率が確保できているのは，コメ，イモ類，野菜，海藻など限られた品目です。7 章で述べたように日本は生物多様性の高い豊かな海に囲まれており，魚介類の自給率は 60 年前には 100%を超えていましたが，近年は魚介類の自給率も 50%台に下がってきています。自給率が特に低いのは，小麦，豆類，肉などです。パンやうどんなどに使う小麦は，自給率が 15%程度しかありません。また，味噌や醤油など，和食の典型的な調味料の原料であるダイズの自給率は 7%程度です。牛肉，豚肉などの肉については，飼育は国内でしていても，餌となる飼料は輸入が多く，そこまで考えると，自給率が下がってしまいます。

ところで，みなさんが自分の食事の自給率を知りたいと思った場合，農林水産省のホームページに自給率を計算するソフトが用意されています。活用してみて，自分の食事の状況を知るのもよいでしょう。

これまで述べてきたように日本の食料自給率は近年ずっと低いままですが，そのことは，食の環境にさまざまな問題を生じさせています。例えば，異常気象や感染症のパンデミック，あるいは戦争などにより，相手国からの輸出が滞ると食料を得られなくなります。自給率を上げ，国内で収穫されたもので食を満たせるような状態を作ることは食の安定の観点から重要なことです。今後，日本では食料自給率が上がっていくように，国内の農業を盛り上げていく体制を作る必要があるのです。

11-2 フードマイレージ

食料自給率が重要であることの理由として，フードマイレージの問題も挙げられます。フードマイレージとは，どのぐらいの量の食料をどのくらいの距離輸送してきたかを表すもので，食料重量（t）と輸送距離（km）をかけた数値（t・km という単位）で表します（図 11-3）。さらにこの量は二酸化炭素の排出量に換算されています。2007 年度の日本全体のフードマイレージを

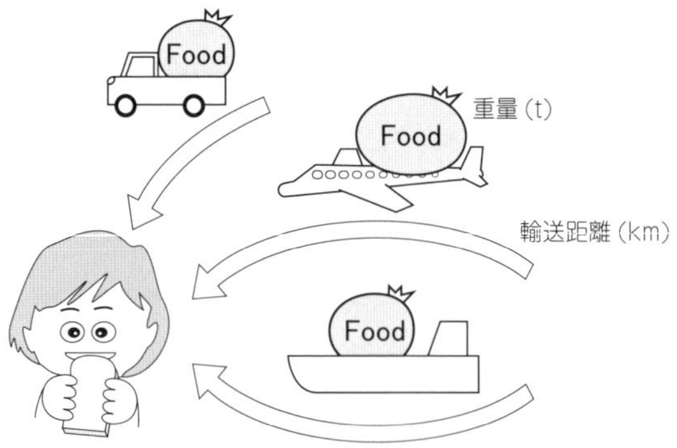

図 11-3　フードマイレージ

二酸化炭素の排出量に換算すると，1690 万 t，1 人当たり年間 130 kg に達していました。この量は，例えば冷房の設定温度を 27℃から 28℃に 1℃上げたとして，12 年間過ごしてやっと帳消しになる量です。このように，食料自給率が低く，海外から食料を輸入するということは，食料の安定供給の問題だけでなく，二酸化炭素の排出を伴う，すなわち環境に対して負荷をかけているということになるのです。同じ重量でも遠い国からの輸入ほどフードマイレージが大きくなるため，中国など近隣の国々からの輸入より，アメリカやカナダ，オーストラリアなどからの輸入がフードマイレージに大きく寄与しています。

また，フードマイレージは，海外からの輸入だけでなく，国内であっても長距離の輸送により数値が大きくなります。地元で作ったものを地元で消費することを地産地消とよびますが，地産地消によるフードマイレージの削減が二酸化炭素の排出量削減につながることになります。

これまで述べてきたように，フードマイレージを減らすためには，外国産よりは国産を，遠い地方よりは地元のものを選ぶことを心がけるのが大切です。それが，環境への二酸化炭素排出量を削減していくことにつながります。

ただし，二酸化炭素排出量のことを考える際，フードマイレージだけに注目すればよいということではありません。たとえ地元の農作物であっても，自然の条件下で収穫した農作物（露地栽培）ではなく，温室でエネルギーを使って育てた農作物を食べるのでは，二酸化炭素の削減には貢献できないからです。また，せっかく購入した食べ物を捨ててしまうこと（食品ロス）は，二酸化炭素の余分な排出につながります。環境のことを考え，地産地消や自給率の上昇を目指したさまざまな取り組みを考えることが重要と言えるでしょう。

11-3　食に対する不安

近年，食に対する不安を抱かせる事件や事例が多発しています。10-8 で紹介した BSE は 1 つの例です。他にも，腸管出血性大腸菌 O157 による食中毒や，鳥インフルエンザなども挙げられます。さらに，農薬の残留や，消費期限・賞味期限の偽装，原産地や原材料の偽装など，人為的な原因により食に対する不安を抱かせる事件や事例は今でも発生しています。

11-3-1　消費期限・賞味期限

消費期限，賞味期限はどう違うのでしょうか。

その製品（食品）が作られた日が製造年月日です。食品が作られた後に，消費期限や賞味期限が決まります。

消費期限とは，未開封で指定された保存方法を守って食品を保存していた場合，すなわち冷蔵保存，冷凍保存，あるいは常温保存といった決められた保存方法を守って保存していた場合に，その食品を安全に食べられる期限のことです。言い換えると，保存方法や期限を守らないと安全には食べられず，食中毒などを起こす可能性があるということになります。一般に，傷みやすい生鮮食料品などに付けられます。

賞味期限は，未開封で指定された保存方法を守って食品を保存していた場合に，品質が変わらずに美味しく食べられる期限のことです。すなわち，賞味期限は，期限が切れたらすぐに安全に食べられなくなるということではなく，賞味期限までは品質が変わらずに美味しく食べられるが，賞味期限を過ぎた後は味あるいは品質が徐々に落ちるということを示しています。食品によっては 3 ヶ月以上持つものもあるため，賞味期限は年月のみで表すことも可とされています。

こうした消費期限と賞味期限の違いを把握し，食品ロスを少なくすることも大切です。

11-3-2 原産国・原産地・原材料

原産地とは，加工食品の原料に使われた一次産品（農作物や畜産物など）が作られた国や地域のことです。

一般に，食品は加工してしまうと原産地や原材料の状態がわからなくなるため，偽装が多発していました。このような状況を受け，全ての加工食品に原料の原産地表示を義務づける方針が，消費者庁と農林水産省が共催する検討会で 2016 年に決められ，2017 年 9 月から表示義務が拡大されました（図 11-4）。

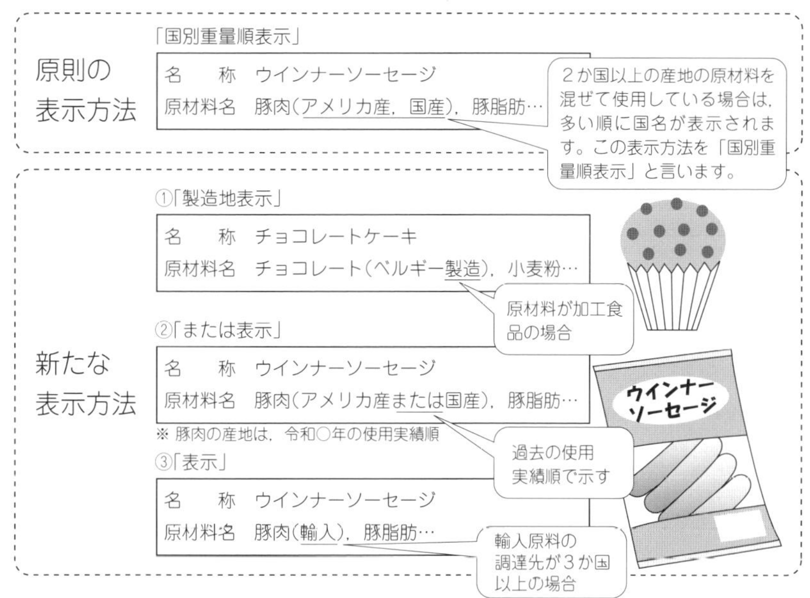

図 11-4 原産地表示例

消費者庁 食品表示企画，パンフレットをもとに作成。

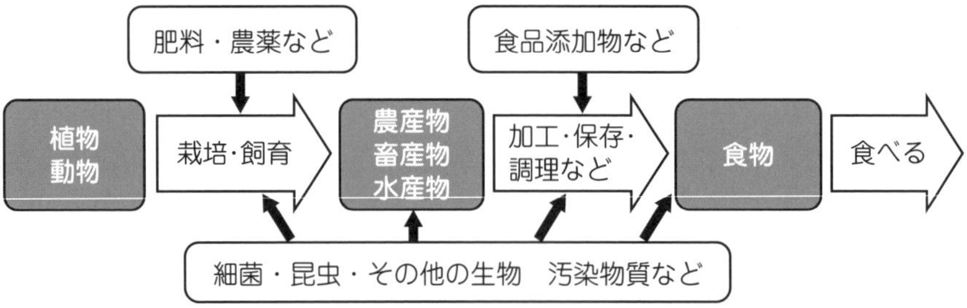

図 11-5　作物が消費者の口に入るまで

こうした表示義務を課して食品の偽装を防ぐ背景には，いくつかの理由が考えられています。具体的には，冷凍技術などの発達で海外産のものでも品質の劣化が少ないこと，国産と海外産の価格差が大きく偽装で利益が上がること，外食の場合の規制が緩いこと，さらに消費者側に表示についての知識が不足していること，などです。

また企業側のモラルの低下も指摘されています。日本では食料自給率が低下し，海外からの輸入も増加する中，食品を供給する側（生産者）と食べる側（消費者）の間の距離が拡大してしまっています。食品を供給する側はどこの誰が食べるかわからないものを生産するようになり，製品への責任感やモラルが低下する傾向が出やすいと言えます。また，生産者と消費者の距離が拡大することにより，間に介在する加工業者なども増え，その結果，偽装や異物混入などの可能性も増加していくことになるのです（図 11-5）。さらに，食品の製造・加工の過程で，食品添加物が使用される頻度も高くなり得ます。そこで，次に食品添加物について説明します。

11-4　食品添加物

食品には食品添加物が使用される場合があります。

食品添加物とは，食品衛生法で「食品の製造過程において又は食品の加工若しくは保存の目的で，食品に添加，混和，浸潤，その他の方法によって使用するもの」とされ，用途によって，大まかに以下のように分類されています。

① 食品の品質低下の防止：保存料，殺菌料，防カビ剤，酸化防止剤など

② 食品の栄養価の保持・向上：栄養強化剤

③ 食品の製造に必要：乳化剤，増粘剤，膨張剤など

④ 食品の品質の改良：品質改良剤など

⑤ 食品の風味や外観の改善：調味料，甘味料，着色料，酸化料など

食品に使用される食品添加物には，農薬などと同じように，その物質を毎日一生涯にわたって摂取し続けても健康への悪影響がないと推定される 1 日あたりの摂取量，許容一日摂取量（ADI）が決められています。ADI を決める際は，まず動物実験を行い，毒性影響が見られない量（無毒性量）を決めます。ADI は，得られた無毒性量をさらに安全係数（100）で割った値として決められています。また，私たちはさまざまな食品から農薬や食品添加物を摂取しているため，1 日摂取量がトータルとして安全量を超えないことも考慮に入れて ADI が設定されています。ADI の考え方は国際的に共通ですが，食品ごとの基準については各国がそれぞれの国の事情に基づいて

設定しているため，日本の基準が外国に比べて厳しい場合も緩い場合もあります。国際基準としてはコーデックスという協会が決めている基準があります。

農薬については近年，健康や環境への影響を考えて，少ない量で効果があること，目的の病害虫にのみ効果がある（高選択性）こと，環境中で分解しやすく残留性が低いこと，といった点が重視され，開発されるようになりました。また，農薬の規制について，かつてはネガティブリストとよばれる，使用禁止の農薬をリストにし，使用基準を決めるいう方式が行われてきました。しかし，この方式だと，例えば新たに開発された農薬など，リストにないものは規制の対象外になり，使用できることになってしまいます。そこで 2006 年から，農薬の規制はポジティブリストという方式に変更されています。ポジティブリストとは，安全性がわかっている農薬のみを使用基準と共にリスト化し，使用を許可するという方式です。これにより，農薬使用の安全性が上がったと考えられています。

私たちの生活の中では，加工食品の利用割合が徐々に増えています。加工食品はその製造過程で食品添加物を使用している可能性があります。上述したように，食品添加物には ADI が設定されており，通常では摂取量は十分安全な範囲となっています。ただ，私たちはさまざまな食品を摂取し，さまざまな食品添加物を摂取しています。ADI を決定する際には，その物質単品で実験が行われており，複数の物質を同時に摂取した場合の相乗効果についてはほとんど調べられていません。私たちがたくさんの食品添加物，あるいは農薬を摂取することで，相乗効果で毒性が上がっているという可能性については実はよく分かっていないのです。

また，食品添加物の中にはポストハーベスト農薬という農薬が含まれています。ポストハーベスト農薬は，収穫後にカビや害虫が発生するのを防ぐため，外国では保管輸送中などに広く使用されています。具体的には防カビ剤とよばれるもので，イマザリル，オルソフェニルフェノール（OPP），チアベンタゾール（TBZ）などです。これらのポストハーベスト農薬は日本では農薬としての使用が認められていませんが，海外から作物を輸入する関係で，やむなく食品添加物として輸入作物への使用を認可しているのです。

9-5 では化学物質過敏症という症状を紹介しました。食品に含まれている食品添加物や農薬が毒性を示すほどの量でなくても，少しずつ体の中に取り込んで行くことによって，化学物質過敏症の原因となる物質として体内に蓄積していく可能性も考えられます。

11-5　遺伝子組み換え作物・遺伝子組み換え食品

農業の世界ではこれまでにもさまざまな品種改良が行われてきました。

旧来，作物を品種改良する際には，望ましい性質を持った新しい品種を得るために，長い時間をかけて交配（掛け合わせ）を繰り返してきました（図 11-6,（a））。例えば，味は悪いが病気に強いトマトと，味はよいが病気に弱いトマトの交配をくりかえすことによって，病気に強く味がよいトマトができてくるのを待つという方法を行ってきたのです。しかし，こうした品種改良には時間がかかり，目的のものを得られるとは限りませんでした。一方，遺伝子組み換えという手法は，目的とする性質を引き出す遺伝子を直接導入するという方法で，短時間で確実に新品種を作り出すことができます。また，従来の品種改良は交配によるので，同じ種が持っている性質し

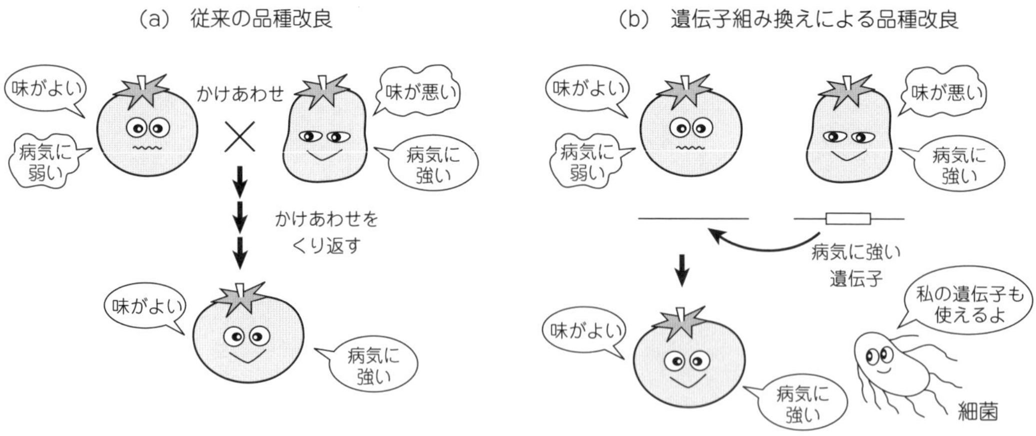

(a) 従来の品種改良　(b) 遺伝子組み換えによる品種改良

図 11-6 品種改良の方法

か利用できませんでしたが，遺伝子は大腸菌からヒトまで生物に共通の情報であるため，種を超えて生物の遺伝子を組み換え，新たな性質を持った生物を作ることができます（図 11-6, (b)）。

遺伝子組み換えは，英語では Genetically Modified と言います。そのため，遺伝子組み換え作物のことを GM 作物，遺伝子組み換え策食品のことを GM 食品ということもあります。

遺伝子組み換えの手法を用いて開発された作物（GM 作物）には，主なものとして以下のような種類があります。

① 除草剤耐性：アグロバクテリウムという土壌細菌が持つ除草剤に強いという性質を生み出す遺伝子を作物に組み込んだもの。この遺伝子を組み込まれた作物は特定の除草剤を散布しても枯れない。ラウンドアップという除草剤に耐性を持ったダイズが有名。

② 害虫抵抗性：*Bt* 菌と呼ばれる土壌細菌の持つ殺虫毒素を作る遺伝子を作物に組み込んだもの。この遺伝子を組み込まれた作物は殺虫毒素を含むようになり，それを食べた害虫は死滅し，作物は害虫の食害を避けることができ，収穫量が増える。アワノメイガという害虫を防ぐために作られたトウモロコシが有名。

③ ウイルス抵抗性：作物の病気はウイルスによるものが多い。そこで，ウイルスに対して抵抗性を引き出すような遺伝子を組み込むことによってウイルスによる病気に強い作物を作る。

④ 栄養強化：元々その作物が持っていない栄養分を作り出す遺伝子を組み込んだもの。βカロチンを作る遺伝子を組み込んだゴールデンライスとよばれるコメが有名。ゴールデンライスを食べることで，緑黄色野菜などに含まれるβカロチンも同時に摂取できる。

⑤ その他：アレルゲンとなる物質を減らす遺伝子を組み込んだ作物（アレルギー低減米など），ワクチンの作用を持つ作物，砂漠のような乾燥地域や塩分濃度の高い地域でも育つような遺伝子を組み込んだ作物（耐乾性や耐塩性の遺伝子を組み込んだ作物），これまでにない色彩を持った花を咲かせる植物（青いバラ，青いカーネーション），など。

遺伝子組み換え作物は，農薬散布の量や回数を減少させたり，害虫の被害を低減したりすることにより，農業の効率化や高収量化に役立つということが分かっています。また，栄養を付加する，これまで作物が育ちにくかった地域で収穫を可能にする，といったことで，発展途上国の飢餓や衛生状態の改善などにも役に立つことが期待されています。

こうした遺伝子組み換え作物，遺伝子組み換え食品の安全性については，日本においては文部科学省，農林水産省，厚生労働省がそれぞれ厳密な審査を行っています。しかし，厳密な審査が行われているにも関わらず，遺伝子組み換え作物や食品に関してはいくつかの問題点が提起されています。

食品としての安全性は，食べても安全かということです。厚生労働省の安全審査に合格した遺伝子組み換え作物のみが食品になっていますが，その審査は原則としてその作物や食品単独について行われています。すなわち，食品添加物と同様，相乗効果についてはほとんど調べられていません。私たちは日々いろいろなものを食べているため，遺伝子組み換え作物同士だけでなく，食品添加物との間で相乗効果（相乗毒性）を生じている可能性なども考えられますが，そうした点についての検証はほとんど行なわれていないと言えるのです。また，遺伝子組み換え作物が食卓に上がるようになって，まだ20数年しかたっておらず，長期間食べ続けて安全かということについても，よくわかっていません。

もう一つの懸念，環境への影響については，十分な検証が行われていません。例えば遺伝子組み換え作物が栽培された際，その花粉や種子が周囲に広がって，自然界の同種の植物と交配したらどうなるか，あるいは農場以外に分布を拡大したらどうなるか，といった問題です。かつては遺伝子組換え作物は厳重に管理された畑などで育てられていましたが，現在では一般の農場でも広く栽培されるようになりました。遺伝子組み換え作物は，一度自然界に出てしまうと回収する

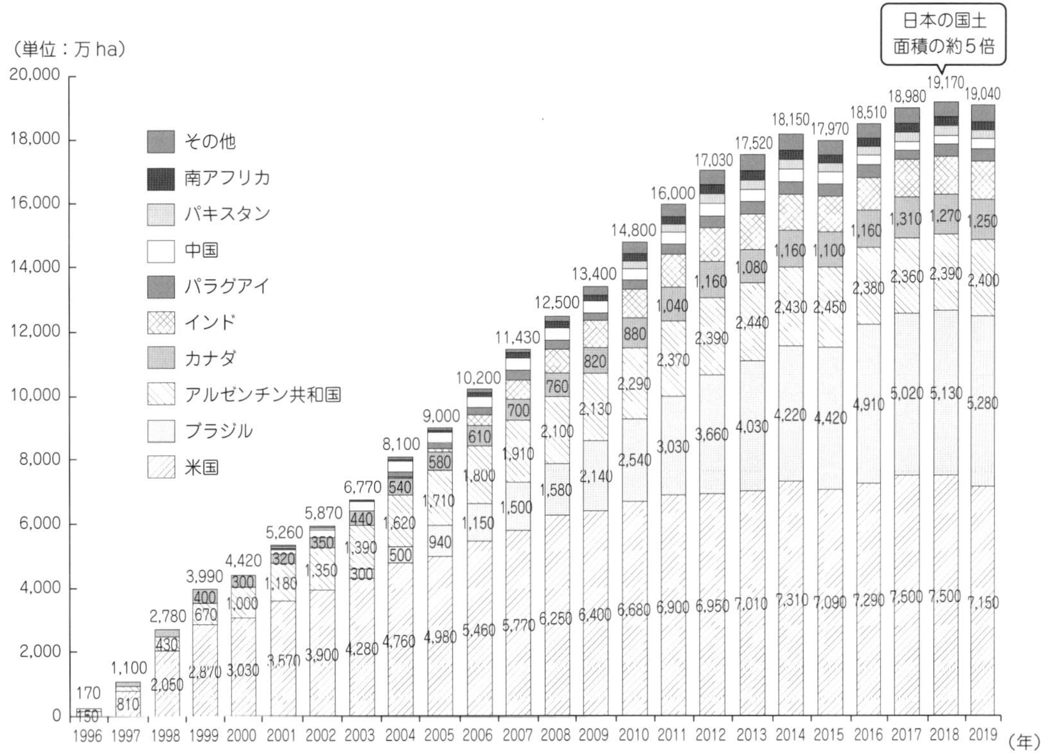

図 11-7 遺伝子組み換え作物の現状

バイテク情報普及会 HP 遺伝子組み換え作物の利用 世界での栽培状況をもとに作成。

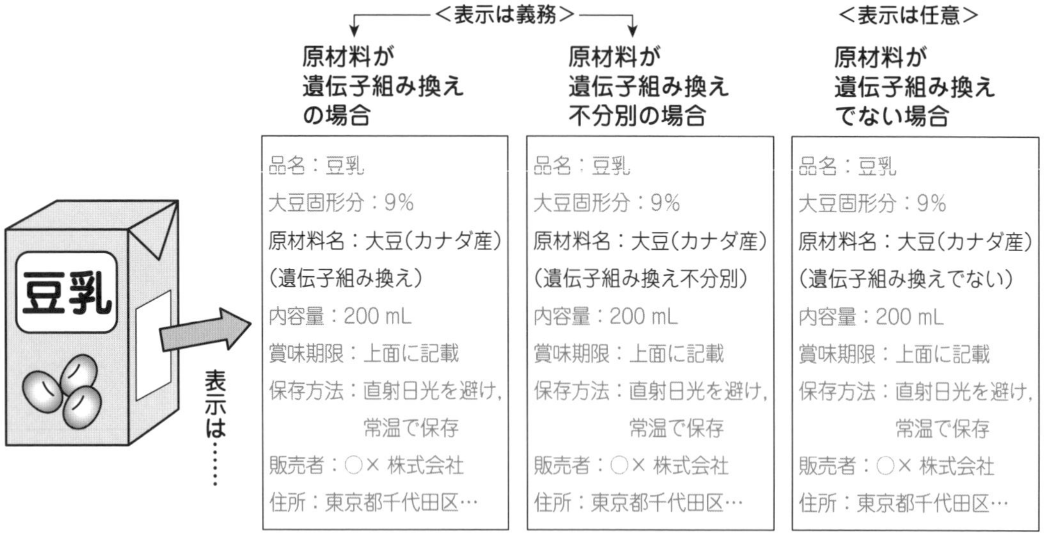

<表示は義務> <表示は任意>

原材料が遺伝子組み換えの場合	原材料が遺伝子組み換え不分別の場合	原材料が遺伝子組み換えでない場合
品名：豆乳	品名：豆乳	品名：豆乳
大豆固形分：9%	大豆固形分：9%	大豆固形分：9%
原材料名：大豆（カナダ産）（遺伝子組み換え）	原材料名：大豆（カナダ産）（遺伝子組み換え不分別）	原材料名：大豆（カナダ産）（遺伝子組み換えでない）
内容量：200 mL	内容量：200 mL	内容量：200 mL
賞味期限：上面に記載	賞味期限：上面に記載	賞味期限：上面に記載
保存方法：直射日光を避け，常温で保存	保存方法：直射日光を避け，常温で保存	保存方法：直射日光を避け，常温で保存
販売者：○× 株式会社	販売者：○× 株式会社	販売者：○× 株式会社
住所：東京都千代田区…	住所：東京都千代田区…	住所：東京都千代田区…

豆乳　表示は……

図 11-8　遺伝子組み換え食品の表示

ことは不可能と言ってよいでしょう。その結果，自然界で繁殖した遺伝子組み換え作物が，環境にどのような影響を及ぼすのかは，未知であると言えるのです。

遺伝子組み換え作物は，現在も世界中で新たなものが開発され，栽培されています（図 11-7）。2018 年の遺伝子組み換え作物の栽培面積は日本の国土面積の約 5 倍にも広がっています。ダイズについては世界中で栽培される 8 割以上が遺伝子組み換えダイズになっています。

ところで，遺伝子組み換え作物が原材料である食品を買いたくない，食べたくないと考える人もいるでしょう。日本では 2001 年から食品衛生法が改正され，遺伝子組み換え食品の表示が義務化されました。具体的には，遺伝子組み換え作物が使われている場合は，原材料のところにそのことを表示しなければなりません（図 11-8）。また，遺伝子組み換え作物の分別生産・流通管理がきちんと行われていない場合（組み換え作物が混入している可能性がある場合）も，遺伝子組み換え不分別と表示することが義務化されています。しかし，遺伝子組み換えあるいは遺伝子組み換え不分別という表示は日常あまり目にしないのではないでしょうか。実は，遺伝子組み換えの表示については例外品目というのがあります（表 11-2）。遺伝子組み換えは遺伝子すなわち DNA が組み込まれ，新たなタンパク質ができるということなので，DNA やタンパク質が加工の過程で壊れたり除去されていたりする食品は表示の必要がないとされています。例えば，炭水化物や油などには表示義務がありません。さらに，遺伝子組み換え作物を主な原材料としていないものにも表示義務がありません。原材料中で重量が上位 3 品目以下，かつ食品中に占める重量が 5% 以下のものであれば，含有量が少量なので表示をする義務がないのです。

ここでダイズについて再度考えたいと思います。日本ではダイズの自給率は約 7% 程度しかありません。そのため，私たちが食べているダイズ製品の原料となるダイズは 9 割以上が輸入されたものということになります。現在，海外で生産されているダイズの 8 割以上が遺伝子組み換えであるため，それらの数値から計算すると，私たちが日本で食べているダイズ製品の 7 割以上は遺伝子組み換えダイズが原料であることになります。しかし，ダイズが原材料である食品に遺

表 11-2　遺伝子組み換え食品表示の例外品目

区　分	食品例	理　由
食品中において，組み換えDNA およびこれにより生成したタンパク質が除去分解されているもの	醤油，ダイズ油，コーンフレーク，マッシュポテトなど	組み換え DNA およびタンパク質が除去，分解されているため （コーン油）（しょうゆ）遺伝子組み換え作物でつくっていても表示義務なし
主な原材料となっていないもの	全原材料中重量が上位3品目以下で，かつ食品中に占める重量が5%以下のもの	含有量がごく少数な場合まで表示を義務づけることは現実的でないため （おからクッキー）遺伝子組み換えダイズのおからを使っても，使用量が規定内なら表示義務なし

伝子組み換えの表示はほとんどありません。遺伝子組み換えダイズを原材料として使用していても，油，原材料の一部，といった理由で表示を免れているものも多いのです。

11-6 ゲノム編集食品

さて，遺伝子組み換え以外で生命科学の技術が応用された食品として，最近注目されているのがゲノム編集食品です。ゲノム編集は遺伝子を改変する新しい技術ですが，使われている技術が遺伝子組み換えとは異なっています（図 11-9）。遺伝子組み換えは他の生物の遺伝子を組み込むという技術であり，他の生物の持つ新たな遺伝子が外部から入るということになります。それに対してゲノム編集は，基本的には，もともとその生物が持っていた特定の遺伝子を切断し，はたらきを止めるという手法です（なお，その後に他の遺伝子を入れる，という手法も開発されています）。このようにその生物がもともと持っていた遺伝子のはたらきを止めるだけなので，安全性が高いと考えられています。実際，自然の状態でも突然変異などによって特定の遺伝子がはたらかなくなるということがあります。そのため，ゲノム編集については，遺伝子を切断してはたらきを止めるだけの場合は，自然に起こる突然変異や従来の品種改良と同じと判断されているのです。

日本では，遺伝子組み換えについては厳しい規則を定め，国内での遺伝子組み換え作物の生産

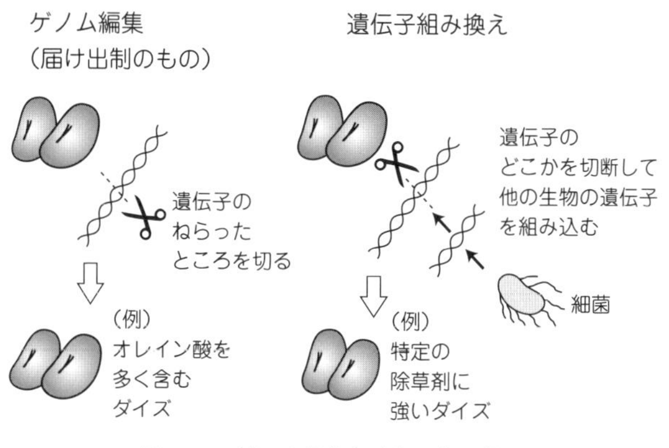

図 11-9　ゲノム編集と遺伝子組み換え

表 11-3　現在開発中のゲノム編集食品の例

	特　徴
高オレイン酸ダイズ	不飽和脂肪酸で健康に良いと言われるオレイン酸を多く含む
食中毒リスクの低いジャガイモ	芽などに含まれるソラニンと言われる毒を作らないようにする
GABA を多く含むトマト	血圧上昇を抑える効果などのある GABA を多く含む
収穫量の多いイネ	栄養分の蓄積を調整する機能を破壊しコメ粒の大きさを大きくする
肉厚のマダイ	筋肉量をコントロールするミオスタチンという遺伝子を破壊することで肉厚にする
筋肉量の多いウシ	同上
成長の早いフグ	食欲をコントロールする遺伝子を破壊することで成長を早める

は限定されています。しかし，ゲノム編集に関しては上記のような理由から届出制になっているものがあり，それらについては厚生労働省に届け出れば安全審査を受けなくても販売ができ，表示義務もありません。2019 年 10 月から届出の受付が開始されているので，近いうちにゲノム編集食品が食卓に上るようになると考えられます（表 11-3）。例えば，健康に良い脂肪酸であるオレイン酸をたくさん作るダイズ，食中毒のリスクを低減するためソラニンと呼ばれる毒の成分を作る遺伝子を壊したジャガイモ，栄養分を溜め込む量をコントロールする遺伝子を壊すことで粒を大きくしたコメなどが研究開発されています。家畜や魚でも，筋肉量をコントロールするミオスタチンとよばれる遺伝子を壊し，筋肉をため込むようにしたマダイやウシ，食欲を抑える遺伝子を壊すことで成長を早めたフグなどが，実用化に向けて開発されています。

11-7　これからの食と農業

これまで述べてきたように，食をめぐる環境は大きく変化してきています。これからの私たちの食およびそれを支える農業は，今後どうなっていくのでしょうか。

大きなポイントとして，二つの点に注目したいと思います。

まずは地産地消ということです。これまでにも述べてきたように，地産地消を進めることで，例えば食品添加物などの必要性が減少するでしょう。長距離輸送をしなくなるのでフードマイレージの減少になり，二酸化炭素の排出が削減され，環境負荷も低減されます。遺伝子組み換えやゲノム編集についても，生産者と消費者が近くなり，消費者の目の届く範囲で行われれば，どのような生産者がどのような食品を作っているのかがきちんと把握できるようになるでしょう。また，お互いの顔が見える関係になるため，偽装などが減少してくるのではないかと考えられます。

二つ目のポイントは，トレーサビリティということです。地産地消が望ましいとはいえ，すべてのものを地産地消とすることは難しいのが現状です。そこで，食品の流通の過程で生じると予想されるリスクなどを，きちんと追跡し把握できるトレーサビリティのシステムが，食品の信頼や安心の確保のために重要であると考えられるのです。実際，BSE の問題が発生した後，牛肉のトレーサビリティ制度が導入されました。

こうしたしくみが導入されたとしても，まだ食に関して不安を感じる人もいると思われます。

しかし，食品について100%安全というものはないと言えます。どんな食品であっても，何らかのリスクがあるということを頭に入れておくことが重要なのです。例えば，塩は人間の生存に必要不可欠ですが，摂り過ぎれば血圧が上がるなどの悪影響があり，海水ばかり飲んでいれば人間は死んでしまいます。食品添加物も使用しない方がよいと考えるかもしれませんが，保存料を加えていないと食中毒を起こすリスクが上がることもあります。こうして考えると，私たちが口にする食品に対しては，100%の安全はないという前提で，どのぐらい食べるか，どのように食べるか，といったことをきちんと考え，判断していくことが重要だと言えるでしょう。

私たちの身の回りの環境にはいろいろなリスクがあります。本書では，大気や水の問題，地球温暖化，身の回りの化学物質，感染症，その他，環境中のさまざまな問題，リスクについて説明をしてきました。私たちのくらしを考えると，リスクがない（リスクゼロの）生活はあり得ないと言ってよいでしょう。そのため，まず，生活環境中にはさまざまなリスクがあることを知り，リスクに対して備え，対応することが重要だと言えます。何事にも必ず良い点（利点）と悪い点（欠点）があるので，いろいろな視点から正確で幅広い情報を得て，その上でみなさん自身がそのことに対してどう対応するのか判断することを心がけていただければと思います。この本が，そうした心がけを持つための一つのきっかけになれば幸いです。

＜参考文献・参考サイト＞

「生命と環境」　林要喜知 他著　三共出版（2011）

農林水産省　食料自給率・食料自給力について
https://www.maff.go.jp/j/zyukyu/zikyu_ritu/011_2.html

農林水産省　「フード・マイレージ」について
https://www.maff.go.jp/j/council/seisaku/kikaku/goudou/06/pdf/data2.pdf

農林水産省　トピックス～環境問題と食料・農業・農村～（3）環境保全に向けた食料分野での取組
https://www.maff.go.jp/j/wpaper/w_maff/h22_h/trend/part1/topics/t3_01.html

消費者庁　食品の期限表示に関する情報
https://www.caa.go.jp/policies/policy/food_labeling/food_sanitation/expiration_date/

「よくわかる暮らしのなかの食品添加物（第4版）」 西島基弘 監修　日本食品添加物協会 編　光生館（2016）

厚生労働省　食品添加物
https://www.mhlw.go.jp/stf/seisakunitsuite/bunya/kenkou_iryou/shokuhin/syokuten/index.html

東京都福祉保健局　食品衛生の窓　食品添加物
https://www.fukushihoken.metro.tokyo.lg.jp/shokuhin/shokuten/index.html

一般社団法人　日本食品添加物協会　よくわかる食品添加物
https://www.jafaa.or.jp/tenkabutsu01

消費者庁　遺伝子組み換え食品
https://www.caa.go.jp/policies/policy/consumer_safety/food_safety/food_safety_portal/genetically_modified_food/

厚生労働省　遺伝子組み換え食品
https://www.mhlw.go.jp/stf/seisakunitsuite/bunya/kenkou_iryou/shokuhin/bio/idenshi/index.html
農林水産技術会議　ゲノム編集などの新たな育種技術（NPBT）
https://www.affrc.maff.go.jp/docs/anzenka/NPBT1.htm
厚生労働省　ゲノム編集技術応用食品等
https://www.mhlw.go.jp/stf/seisakunitsuite/bunya/kenkou_iryou/shokuhin/bio/genomed/index_00012.html
「ゲノム編集とはなにか」 山本卓 著　講談社ブルーバックス（2020）
「ゲノム編集の衝撃」 NHK「ゲノム編集」取材班 著　NHK 出版（2016）

索　引

欧　文

あ　行

か　行

さ　行

た　行

な　行

は　行

ま　行

や　行

ら　行

わ　行

著者略歴

細谷(ほそや) 夏実(なつみ)

1983年 お茶の水女子大学理学部生物学科卒業

1988年 東京大学大学院理学系研究科相関理化学専攻博士課程修了・理学博士

現　職 大妻女子大学社会情報学部社会情報学科環境情報学専攻　教授

専　門 棘皮(きょくひ)動物の卵細胞を用いた細胞分裂の研究（細胞生物学）

子どもたちへの海の環境教育（海洋教育・科学教育）

著　書 「社会情報学」（共著）培風館（2001）

「自然と生活環境」（共著）宣協社（2002）

「生命と環境」（編著）三共出版（2011）など

くらしに活(い)かす環境学入門(かんきょうがくにゅうもん)

2021年4月10日　初版　第1刷発行

発行者　秀島　功

印刷者　荒木浩一

発行所　三共出版株式会社　東京都千代田区神田神保町3の2
郵便番号 101-0051 振替 00110-9-1065
電話 03-3264-5711 FAX 03-3265-5149
https://www.sankyoshuppan.co.jp/

一般社団法人日本書籍出版協会・一般社団法人自然科学書協会・工学書協会　会員

製版・アイ・ピー・エス　印刷製本・倉敷

ISBN 978-4-7827-0808-8